불량엄마의 생물학적 잔소리

불량엄마의
과학수다
1

불량엄마의
생물학적
잔소리

존재 자체로 소중한
너를 위한 생물학

송경화 지음 | 홍영진 그림

궁리
KungRee

생물학의 한 범주를 전공한 나에게 아침 밥상머리에서 딸아이는 "엄마, 멘델의 분리의 법칙이 뭐야?", "엄마, 체세포분열과 감수분열은 어떻게 달라?" 같은 질문을 끊임없이 해댔다. 그러나 바쁜 아침 시간에 아이의 질문은 성가셨고 대답은 늘 건성이었다.

어느 날 눈으로 온 도로가 꽉 막힌 퇴근시간에 아무 생각 없이 운전대를 잡고 있다가 몇 개월 전부터 딸아이가 '엄마'라고 부를 때는 돈이 필요하거나 배가 고프거나 등의 요구사항이 있을 때 말고는 없다는 사실을 깨달았다. 이미 내가 생각하는 틀을 벗어나 자신만의 세계를 만들어가고 있다는 것을 미련하게도 그제야 알아차렸다. 딸아이와 대화를 위해 아이돌 그룹의 이름이라도 외워야 하나? 그 친구들이 나오는 드라마라도 봐야 하나? 하지만 몇 개월에 걸친 딸아이와의 대화 노력은 늘 전쟁으로 끝났고, 전전긍긍하며 내가 내린 결론은 '내 방식대로'였다.

그 이후 아이 방에 들어가 과학 교과서를 읽기 시작했다. 그러면서 그 녀석이 생물학과 관련하여 던졌던 질문들을 떠올렸다. 아이가 한 질문들은 그저 사실 확인이었다. 문제집도 뒤졌다. 문제집은 전부 사실을 묻는 질문들로 가득했다. 간간히 써놓은 내용들을 가만히 곱씹었다. 교과서는 그야말로 교과서였다. 사실과 사실을 연결해 생물을 전체적으로 이해할 수 있게 해주는 연결고리가 부족했다. 그래서 시중에 판매되는 중고등학교 생물 교과서를 서로 비교해 가면서 생물에서 일어나는 현상들을 재밌게 연결시켜주는 교과서가 있는지를 찾았다. 나의 불성실함 때문인지 별 소득은 없었다.

그 과정에서 다양한 질문들이 나를 괴롭혔다. 애가 멘델의 법칙이 다 맞는 게 아니라는 건 알까? 애가 감수분열의 과정은 아는데 그게 언제 어떻게 일어나는지는 알까? 자신이 겪고 있는 사춘기의 불안감이 생물들이 수십억 년을 겪어온 문제라는 건 알까? 아니, 그 사춘기가 딸아이만의 특별한 문제가 아니라 일반적인 사실임을 나는 받아들이고 있었던가? 이런 생각이 꼬리에 꼬리를 물고 달려들었다.

이렇게 무장한 나는 '내 방식대로'의 대화를 시작했다. 멘델이

다 맞아? 감수분열은 언제 일어나는데? 딸아이도 과거의 나처럼 건성으로 대답했기에 딸아이와 직접 연관된 내용으로 질문을 바꿨다. 넌 왜 생리를 하니? 넌 왜 여자니? 넌 왜 아파야만 하니? 소득 없는 질문과 단편적인 설명으로 몇 개월이 지나고 드디어 아이가 입을 열었다.

"엄마, 그 잔소리 계속하면 안 돼? 생물이 외우는 과목이 아니었네? 엄마한테 질문하고 이야기만 나눴을 뿐인데 문제가 다 풀렸어." 그렇게 아이의 말문이 열리고 함께하는 공부가 시작되었다.

이 책은 그렇게 시작된 엄마와 사춘기 딸아이의 생물학 공부를 담았다. 사실 공부는 학교 수업에 따라 딸아이 혼자 했다. 나는 그저 밤마다 혼자 몰래 공부한 교과서의 사실과 사실을 연계하는 질문, 책과 영화 등 일상과 관련된 생물학을 이야기했을 뿐이다. 사실 전달에 충실한 교과서의 내용은 사춘기 딸아이의 행동양식을 생물학적으로 설명하기에 부족함이 없었다. 거기에 보다 구체적인 연계를 위해 은근슬쩍 생물의 진화를 전체적인 수다의 흐름으로 끼워 넣었다.

엄마와 공부하면서 딸아이는 생물학이 외우는 게 아니라고 말했지만 지식 없이 이뤄지는 공부는 없다. 시험 보기 위해 외워야 하는 공부는 지루하고 시험이 끝나면 아무것도 기억나지 않는다. 딸아이도 공부하면서 수많은 사실들을 외웠을 것이다. 단지 딸아이가 그렇게 열심히 외운 것이 아니라고 생각하는 것은 엄마의 설명방식에 속았을 뿐이라고 생각한다. 엄마가 들려줬던 호기심을 자극하는 과학적 질문들과 자신의 행동과 연계된 설명 속에 배우고 있는, 그리고 앞으로 배울 생물학 지식들이 녹아 있어서 외우지 않아도 된다고 착각했을 뿐이라고. 자신이 조금은 다른 방식으로 새로운 지식을 받아들이고 이해하고 있다는 것을 깨닫지 못했을 뿐이라고.

방학을 맞아 책에 들어갈 그림을 그리면서 딸아이가 "엄마는 왜 불량이야?"라고 물었다. 우리는 자신이 이해한 방식에 따라 나를 이해하고 다른 사람과 사회를 바라보게 된다는 것을 알고 있다. 그러기에 동일한 지식이라 하더라도 어떻게 이해하고 받아들이는가는 매우 중요한 문제다. 적어도 딸아이 문제를 제외하고 나에게 '어떻게 이해했느냐'는 새로운 생각으로 확장하는 기회를 부여해왔으며, 삶의 다른 부분을 이해하는 방향성을 제시해왔다. 그러나 생물학의 한 범주를 공부한 나마저도 딸아이를 생물체로 이해하려고 하지 않았다. 가장 중요한 문제는 딸아이를 생명체가 아닌 우리의 교육과 사회 제도 안에서 특별해야만 하는 존재로 생각하고 있었다는 아이러니였다. 그게 내가 불량인 가장 큰 이유이다.

생물학은 그 자체가 우리이다. 이 책을 읽는 이들이 우리 자체를 알아가는 과정을 그냥 재미있게 즐겼으면 좋겠다. 불량엄마식 유머를 씹어가면서 말이다. 그러는 과정에서 조금 다른 방식으로 이해한 생물학이 학교 공부를 더 재밌게 만들고 일상을 조금 더 행복하게 만들기를 바란다. 조금 더 욕심을 내본다면 아이들을 키우는 모든 부모들이 과거의 나보다는 덜 불량해지기를 희망해본다.

함께 공부한 결과물을 그림으로 그려준 사랑하는 딸아이와 겁도 없이 원고를 내밀었을 때 따뜻하게 받아준 궁리출판 식구들에게 감사의 마음을 전한다.

2016년 4월
송경화

차례

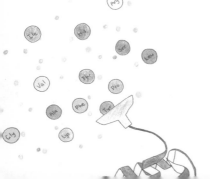

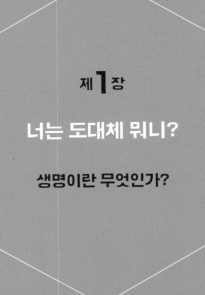

제 1 장

너는 도대체 뭐니?

생명이란 무엇인가?

딸, 듣고 있니? 너는 사춘기에 반항기라고 하더구나. 엄마의 '하더구나'라는 표현은 다정하지도 않고 마치 남의 딸 얘기하듯이 무심하게 들린다는 것을 잘 알지만, 엄마라는 이름의 나도 '하더라'라는 표현을 쓸 만큼 너의 사춘기가 남의 일이고 싶다는 간절한 소망이 무의식적으로 표현된 것뿐이니, 엄마와 딸이기 이전에 동등한 인간으로 아니, 더 나아가 동등한 생물체로서 이해해주기를……

　도대체 그 나이가 뭐라고 아침에 눈뜨면서부터 꿈속까지 따라와 나를 불안하게 만드는 건지. 너는 나에게 뭐고, 나는 너에게 뭐길래 질풍노도 시기라는 너의 나이로 인해 내가 어설픈 잠을 자야 한단 말이니? 내가 너의 엄마가 아니었으면 이유 없는 화냄과 토라짐, 이 모든 것들을 참기가 어려웠을지도 모르지.

　너 역시 내가 엄마가 아니면 그렇게까지 성질내고 삐치지는 않았을지도 모른다고 말하지 말거라. 아니, 인정하마. 내가 엄마이기에 너의 설익은 감정들을 다 쏟아냈다고. 그 설익은 감정들을 다 소화하지 못하는 나는 너의 감정만큼이나 덜 익어 떫기 그지없고 어설픈 엄마임에 틀림이 없다.

"넌 도대체 뭐니?"

참다못한 엄마라는 이름의 개체가 딸에게 물었다.

"사람."

잠도 덜 깬 상태에서 식탁에 앉자마자 소시지만 오물거리며 너는 대답했다.

그렇게 질문하는 내가 불량스럽기 그지없다는 것을 안다. 너의 성의 없는 답에 아무리 자제하려고 해도 표정과 눈빛과 몸짓의 빈틈을 비집고 나오는 사춘기 딸을 향한 불만을 너는 본능적으로 알고 있다. 그래도 학교 가려는 너의 비위를 맞추느라 웃는다.

"정답이네! 넌 사람이지."

"그럼 엄마는 뭔데?"

"엄마도 사람이지."

침묵……. 약간의 어색한 침묵을 견디지 못한 조금은 나보다 더 어설픈 네가 침묵을 깬다.

"엄마, 목소리 톤이 너무 부자연스럽게 높아. 이상해" 하더니 등교 준비하러 휑하니 가버린다. 사춘기의 반항이 물씬 풍겨 나오는 너의 뒤통수를 향해 중얼거렸다. 불량 사람, 불량엄마지라고…….

물어보자. 사람이란 뭐니? 아~ 이 부분에서 불량한 엄마는 '사람이란 동물과 달리 어떠하다'라는 철학적 접근은 절대로 할 수가 없음을 이해해주라. 너는 동물이라고 대답한다. 얼마나 다행이니, 동물이라고 대답해줘서. 그럼 동물은 뭐니? 식물과 다른 것, 살아 있

불량엄마의 생물학적 잔소리

는 것. 살아 있는 것은 뭐니? 생물이잖아. 지루하고 재미없는 스무 고개 끝에 엄마가 하고 싶은 말을 하려고 한다. 살아 있는 것, 움직이는 것. 안 움직이면 죽은 거니? 그건 아닌데……. 생명은 뭘까?

사람이 가진 특성들 중 다른 생물과 공통되는 것들을 찾아보자. 너와 박테리아의 공통점은 무엇일까? 너는 거대한 개체이고, 박테리아는 눈에 보이지도 않는 크기의 개체이니 이들 사이의 공통점을 찾기란 쉽지는 않을 것이라 생각하지만, 분명한 것은 너와 박테리아는 모두 생물이니 반드시 공통점이 있지 않겠니? 너는 눈도 있고, 코도 있고, 위도 있고, 간도 있고 팔과 다리도 있지. 이는 모두 기능을 가진 기관들이지. 이 기관들을 더 작은 단위로 나누어보면 끝내는 세포라는 단위로 이루어져 있다는 것을 알 수 있지. 박테리아는 하나의 세포로 구성된 단세포 생물이다. 드디어 하나 나왔지? 너와 박테리아의 공통점! 세포로 구성되어 있다는 것이지.

그럼 이번에는 세포가 생물체를 구성하는 최소의 단위라는 점에서 공통점을 찾아보자. 너도 세포로 구성되어 있고, 박테리아도 세포로 구성되어 있으니 세포가 하는 일은 비슷하지 않겠어? 세포의 임무는 바로 물질대사를 한다는 것이지. 물질대사. 먹고사는 데 필요한 모든 활동을 일컫는 말이야. 결국 생명체란 세포로 구성되어 있고, 물질대사를 하고 그 결과 발생과 생장, 자극에 대한 반응 및 항상성 유지, 생식과 유전을 하고 적응과 진화를 하는 거야.

우습지 않니? 고작 세포로 구성되어 있고, 어쩌고저쩌고 하는 몇 개의 단어가 "너는 도대체 뭐니?" 하는 엄마의 물음에 대한 답이라는 게? 불량한 엄마는 인간존재에 대한 형이상학적 생각들을 정리하여 너에게 답해줄 능력이 아니 되기에 형이하학적 사실들을 정리하고자 해.

 사람들은 자신이 생명체이기 때문에 생명에 대해 너무나도 익숙하지. 그게 오히려 역설적으로 생명이 무엇인지에 대한 근본적 해답 찾기를 방해했는지도……. 조금은 형이상학적으로 접근하면 그리스의 아리스토텔레스(Aristoteles)는 생명현상이 자연법칙이나 물리현상으로는 설명할 수 없는 초자연적인 생명력에 의해 유지된다는 엉뚱한 주장(생기론적 생명관)을 했지. 이와 같은 생각은 르네상스 이후 관찰과 실험을 통해 생명현상을 설명할 수 있을 때까지 무려 2,000년 가까이 지속되어왔으나 오늘날 우리는 생명의 특성을 통해 '생명이란 무엇인가?'를 정의하고 있지.
 그런데 생명의 모든 특성―세포로 구성, 물질대사, 발생과 생장, 자극에 대한 반응 및 항상성 유지, 생식과 유전, 적응과 진화―을 가져야지만 생물일까라는 의문을 품어보지는 않았니? 예를 들어 모든 생명체가 자손을 낳는 생식을 하는가? 모든 생명체는 진화를 하는가? 호랑이와 사자를 교배하여 라이거를 낳았는데, 일반적인 라이거는 자손을 낳을 수 없지. 생물의 또 다른 특성인 진화의 관점에서 보면, 진화는 수많은 자손을 거쳐 아주 서서히 일어나는 현상인데 자손을 낳지 못하는 라이거는 진화할 수 있는 개체가 아니므로 생물이 아닌 것인가? 그러나 우리는 라이거가 분명히 살아 있는 생물체임을 알고 있지. 단지 생명의 연속성이 현저히 떨어져 한 세대만 살아갈 뿐인 거지.

따라서 앞서 언급한 생물의 특성은 모든 생물체에게 엄격하게 적용되는 것은 아니라는 거지. 현재 사용되는 생물의 특성이 부분만 가지고 전체를 판단하는 일반화의 오류를 범하기는 하였으나, 그 예외가 극히 일부이기 때문에 통용되고 있는 것이지. 일반화의 오류가 너무 어려운 용어 같니? 딱히 맞는 한 줄 표현을 찾기가 어려우니 엄마 또한 일반화의 오류를 범해 '예외 없는 법칙은 없다' 정도라고 하자.

또 다른 얘기를 해보자. 영화 〈아웃브레이크〉. 1995년에 개봉한 영화야. 〈아웃브레이크〉는 에볼라 바이러스를 소재로 한 영화인데, 더스틴 호프만(Dustin Hoffman)이라는 멋진 배우가 나오지. 이 영화가 아주 인상 깊었던 이유는 영화 시작 첫 화면에 올라가는 한 문구 때문이야. 'The single biggest threat to man's continued dominance on this planet is the virus.'라는 자막이 화면을 가득 메우지. 영어라서 어렵다고? 거기에 붙은 한글 자막은 '인간이 지구상에서 우월한 존재로 살아가는 데 유일하게 가장 큰 위협은 바이러스다'야.

그런데 엄마는 해석이 잘못 되었다고 생각하거든. 특히 문제가 되는 부분이 'dominance'인데, dominance는 우월한 존재이기보다는 우점종, 즉 개체수가 많은 종이라는 해석이 더 맞을 거라는 거지. 우월하다는 표현은 더 뛰어나다는 얘기인데, 실제로는 그냥 개체수가 더 많다는 의미거든. 그래서 이렇게 해석하려고 해. '인간이 지구상에서 거대집단을 이루고 살아가는 데 유일하게 가장 큰 위협은 바이러스다'라고.

어찌되었든 영화에서는 에볼라 바이러스의 치명성을 강조하게 위해 노벨상을 받은 조슈아 레더버그(Joshua Lederberg)의 문구를 사용했지만, 엄마에게 이 문구는 인간과 바이러스가 유발하는 질병과의 끊임없는 전쟁을 의미하는 말이지. 그런데 바이러스라는 애는 정말 특이해. 그 자체로는 아무것도 할 수 없지. 번식도 못 하고 물질대사를 하는 것도 아니지만 일단 숙주를 감염시키면 그때부터는 숙주의 몸을 이용해 살아 있는 생물체들이 하는 모든 행동을 하니 말이야. 이런 바이러스는 우리가 말하는 생물체라고 할 수 있을까?

그런데 말이지 에르빈 슈뢰딩거(Erwin Schrödinger)라는 위대한 물리학자가 물리학적 관점에서 '생명이란 무엇인가'를 설명하는 놀라운 일이 벌어진 거지. 앞서 얘기한 내용이 '생명이란 무엇인가'라는 질문이나 엄마가 너에게 던진 '넌 도대체 뭐니?'라는 질문에 대한 답이라기보다는 생명체의 공통된 현상을 뽑아낸 것이라고 볼 수 있지. 가끔 말이야, 세상에는 아주 깊은 통찰력으로 각양각색으로 보이는 현상을 통합하는 명쾌한 답을 이끌어내는 능

· 무질서한 네 방과 정리된 네 방 ·

력을 가진 사람들이 있지. 아마 내 생각엔 에르빈 슈뢰딩거도 그중 한 사람이 아닐까 싶어. 에르빈 슈뢰딩거는 생명이란 '무질서로부터 질서를 만들 줄 아는 것'이라 정의했지.

엄마가 너한테 놀랍도록 질리는 게 하나 있지. 네 방문을 열 때마다 엄습해오는 질림. 무질서. 너의 방은 늘 옷가지와 아이스크림 봉지와 컵라면 뚜껑과 핸드폰 충전기 등으로 발 디딜 틈이 없지. 바로, 무질서, 혼돈, 카오스 그 자체라고 할 수 있어. 난 그걸 조금 특별한 용어인 '영역표시 본능'이라고 불러주마. 불행히도 너의 '영역표시 본능'이 네 방에서만 끝나면 좋은데, 네가 지나간 자리마다 너의 영역표시 본능에 의해 머리 묶는 끈이 흩어져 있고, 양말의 흔적이, 마시다가 남긴 물컵의 흔적이 남아 있지.

아주 가끔 말이다, 이 엄마가 견디다 못해 방에 널브러진 옷가지를 옷장에 가지런히 정리하는 날이 있지. 엄청난 에너지의 투입으로 허리가 빠지는 날이야. 물론 곱게는 아니다. 한바탕의 연설과 치우지 않으면 버리겠다는 협박과 걱정을 가장한 적당한 충고와 함께이지. 엄마는 노동력을 투입해 네 방을 '질서' 있게 만드는 일을 하지. 에르빈 슈뢰딩거는 생명체란 바로 그런 것이라고 했어. 흩어져 있는 무질서한 것들을 모아 엄청난 에너지를 투입해 질서를 만드는 것. 그 에너지 투입의 결과 단백질과 핵산이라는 거대분자구조가 만들어지고, 이후 세포가 만들어지며, 세포가 모여 기관을 이루고 개체를 이루어 눈에 보이는 형상의 질서를 만드는 것, 그게 생명이라는 것이지.

불량엄마의 생물학적 잔소리

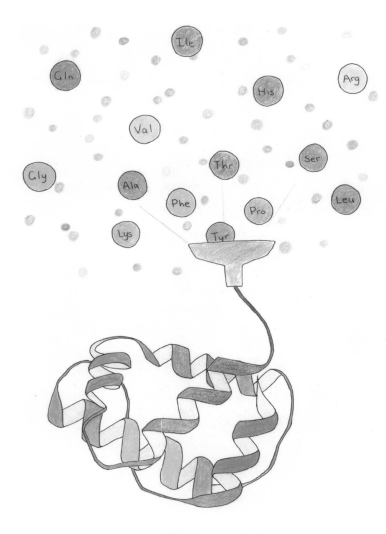

· 아미노산을 모아 단백질을 만드는 생명체의 질서 만들기 ·

이게 무생물과 비교했을 때 무슨 의미가 있는 일일까? 자동차가 에너지를 써서 새로운 질서를 만들 수 있나? 자동차는 거대분자인 휘발유를 태워 작은 이산화탄소와 물로 전환함으로써 무질서도를 높일 줄 알지 그 반대는 못 해. 반면 생명체는 자동차처럼 하면서도 무질서를 모아 새로운 질서를 만들 줄 안다는 거지. 그게 생명체인 너와 무생물체인 자동차의 차이라는 거야.

엄마 노동력의 대가는 고작 하루를 못 갈지도 모르지만, 슈뢰딩거가 정의한 생명체에서는 만들어진 질서로 인해 생명이 유지되면서 그 질서가 오래 유지되지 않겠어? 슈뢰딩거의 관점에서 보면 라이거는 비록 생물체의 특성을 모두 가진 것은 아니지만, 태어나 성장하면서 무질서하게 흩어져 있는 물질들을 모아 몸에 필요한 질서를 만들 줄 아는 생명체인 거고, 바이러스 또한 숙주 세포 안에서는 질서를 만드는 생명체인 거지.

자! 너는 이제 에르빈 슈뢰딩거의 『생명이란 무엇인가』를 알게 되었지. 너에게는 두 가지 본질이 공존하고 있다. 질서를 만드는 생명체로의 본질과 자신의 영역표시 본능. 지금까지 네 몸 안에서만 일어나고 있는 질서 만드는 본질을 영역표시 본능에 적용해보면 어떨까? 특정 구역에 질서 정연하게 너의 존재감을 나타냄으로써도 영역표시 본능이 가능하지 않겠니? 왜냐! 너는 질서를 만들 줄 아는 생명체니까. 뭐라고 자동차처럼 에너지를 만들기 위해 거대분자를 잘게 부수는 무질서를 만드는 본질도 있다고?

우습지 않니? 고작 세포로 구성되어 있고,
어쩌고저쩌고 하는 몇 개의 단어들이
"너는 도대체 뭐니?" 하는 엄마의 물음에 대한 답이라는 게?
불량한 엄마는 인간존재에 대한 형이상학적 생각들을
정리하여 너에게 답해줄 능력이 아니 되기에
형이하학적 사실들을 정리하고자 해.

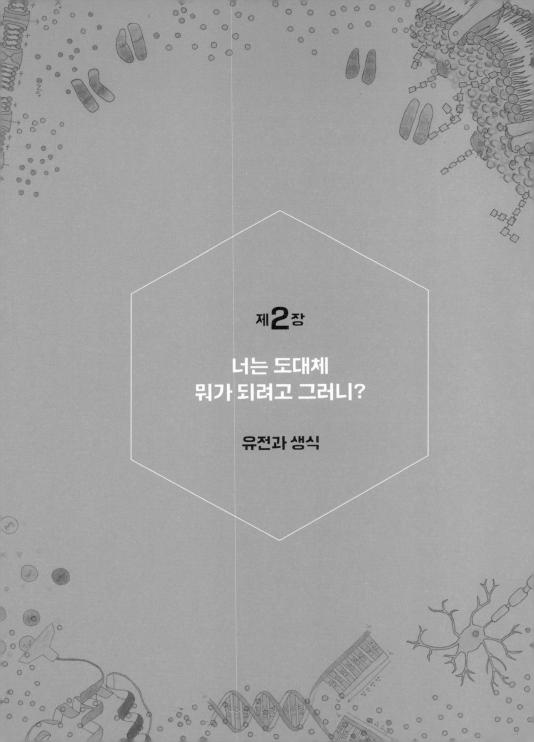

제**2**장

너는 도대체
뭐가 되려고 그러니?

유전과 생식

불량엄마인 나만의 문제는 아닐 것이라 확신한다. '우리 애는 나중에 어떤 사람이 될 거야'라고 행복한 상상을 하기도 하겠지만 이런 상상은 그리 오래가지 못하고, 미운 몇 살이 되는 순간부터 모든 엄마들은 그게 긍정이든 부정이든 끝도 없이 '도대체 뭐가 되려고 그럴까?' 하고 되뇔 것이다. 아마 네가 사춘기의 정점에 달하는 나이가 되면 부정적 관점에서의 질문 빈도도 극에 달할 것이다. 불량엄마인 나는 이 글을 쓰는 순간에도 몇 번을 중얼거렸다. 도대체 뭐가 되려고……

어느 날 불현듯, 불량엄마의 생물학적 잔소리 혹은 잔소리를 품은 눈빛을 견디지 못한 네가 소리 내어 한마디씩 내뱉는다. 그 어휘의 선택은 네가 처한 상황에 따라 매우 다양하며 모든 언어의 선택은 너에게 유리한 쪽으로 선택할 줄 아는 약음을 너는 배웠다. 어느 순간엔 스스로 어른임을 자처하면서 "나도 어른이야. 엄마도 내 의견을 존중해줘야지!", "내가 알아서 해! 엄마가 무슨 상관이야" 이렇게 말하다가 또 어느 순간엔 나약함 그 자체로 "나 사춘기야", "나 돈 줘"라고. 이 말에 엄마는 왜 웃음이 터질까? 불량엄마니까. 아니 여태까지 "내가 알아서 해"라고 호언장담하던 너는 어디가고, 갑자기 웬 사춘기? 웃기지 않나? 치밀어 오르던 분노가 갑자기 허탈한 웃음으로 터지는, 짧으나마 엄마가 불량이라는 꼬리표를 떼는 순간이 아닌가 싶다.

네 유전자의
나이가 몇인데?

"나 사춘기야", "나 돈 줘"라는 말은 아주 일부에 불과하다. "엄마 병원 예약했어?", "엄마 내 안경 고쳤어?" 하면서 끊임없이 네가 할 일을 엄마에게 미루는 나약한 너에게 네가 한 말을 되돌려주고 싶다. 네가 알아서 해. 넌 할 수 있어. 엄마가 돈 안 줘도 살 수 있냐고? 물론 살 수는 있겠지. 네 나이가 몇인데. 넌 벌써 십대 후반을 향해 가고 있잖아. 아니, 넌 이미 깎고 깎아서 최소한 25억 살이 넘었을지도 모르니까……. 25억 년이 넘는 시간 동안 수도 없이 생존과 사멸을 반복한 생물체의 유전자 중 살아남은 유전자의 산물이 너일 테니까. 그래서 너에겐 생존에 대한 모든 정보가 들어 있을 테니까…….

유전정보는 어디에 저장되어 있는 것일까?

불량엄마의 뚱딴지같은 25억 살은 어디에서 나온 근거일까? 너의 손, 아니 가장 쉽게 채취할 수 있는 입안의 상피세포를 꺼내서 광학현미경으로 들여다보자. 사실 손과 같이 외부로 노출된 피부는 죽은 세포들이 겹겹이 쌓인 것이라—이걸 우리는 때라고 부르지. 지우개처럼 밀려나오는 때!—핵을 볼 수는 없지. 핵은 살아 있는 세포에서만 볼 수 있으니까.

　아래 그림은 광학현미경으로 상피세포를 400배쯤 확대해서 찍은 사진인데, 가운데 짙은 파란색으로 보이는 부분이 핵이고 핵을 둘러싼 바깥 테두리가 세포막이지. 현미경 사진만으로는 그 안에 뭐가 있는지 다 알 수가 없으니 그 안에 뭐가 있는지 그림으로 풀어보자. 세포 안에는 골지체, 소포체 등의 다양한 소기관들이 있

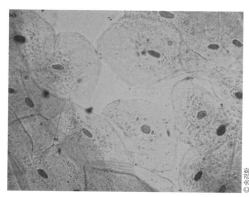

· 상피세포 현미경 사진 ·

지. 가운데 핵이 있고, 핵 안에도 염색체와 인 등이 있지. 세포의 구조는 그림을 참조해. 앞으로 이 그림은 계속 쓸모가 있을 거니까 한 번은 눈여겨봐두기. 엄마가 지금 하려는 얘기는 세포의 구조가 아니라, 네 유전자의 나이인 거 알지?

세포를 자세히 보면 여러 구조가 보이는데, 그중에서도 가운데 핵이 가장 눈에 쉽게 보이지. 핵 안에는 인간의 유전정보를 모두 포함한 염색체가 들어 있는데, 사람은 46개의 염색체를 가지고 있어. 그중 23개는 서로 다른 염색체이고, 각각은 크기와 모양이 같은 상동염색체로 쌍을 이루어 총 46개가 되는 것이지. 쌍을 이루는 상동염색체 중 하나는 엄마로부터 다른 하나는 아빠로부터 물려받아.

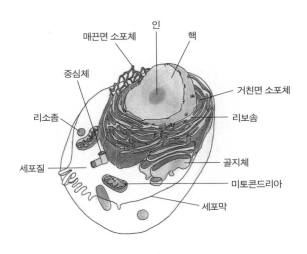

· 동물세포 구조 ·

그런데 사람의 염색체를 전부 풀어서 연결하면 총 2m가 된다고 하는구나. 동물세포의 크기는 고작 100㎛니까 2m를 100㎛보다 작게 만들어 그 안에 넣으려면 얼마나 접고 또 접었는지 알 수 있겠지. 우리 세포 안의 유전정보가 핵에 있는 염색체에만 있는 건 아니야. 핵 밖에 미토콘드리아(mitochondria)라는 소기관이 있는데, 미토콘드리아도 자신만의 유전정보를 가지고 있어. 미토콘드리아는 우리 몸에 필요한 에너지를 만드는 소기관이야.

유전정보를 구성하는 물질은 무엇일까?

염색체는 핵산으로 만들어진 긴 DNA(Deoxyribonucleic Acid)가 히스톤(histone) 단백질과 결합하여 응축된 형태로, 염색체복제 때 현미경으로 보이는 구조를 말해. 그러니까 유전자, 유전정보를 얘기할 때는 염색체가 아니라 DNA 단위에서 얘기하는 게 맞겠지.

사람을 처음 만날 때 가장 먼저 하는 것이 이름을 주고받는 거잖아. DNA를 처음 만났으니, DNA의 이름을 자세히 들여다보자. 그게 처음 만나는 사람에 대한 예의 아니겠어? 처음 만난 친구에게 짝다리 짚고 고개만 까딱하는 것이 아니라, 상대방에게 관심을 표하면서 이름을 물어보거라. 그 친구의 이름을 건성으로 듣고 넘기지 말고, 네 이름의 의미는 이런 뜻도 있겠구나 하면서 기억하는 것을 습관으로 하자. 그러니까 처음 만난 DNA에게도 정중히 예의를 표해보자구.

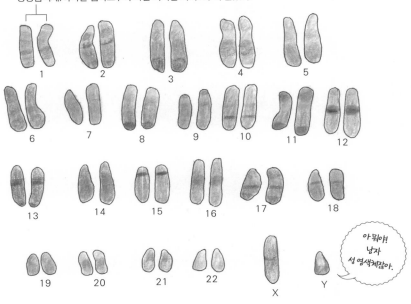

상동염색체. 하나는 엄마로부터 다른 하나는 아빠로부터 받았어.

아 뭐야! 남자 성 염색체잖아.

· 형광 염색약으로 염색하면 보이는 46개 사람 염색체 ·

DNA는 deoxy-ribo-nucleic acid(데옥시 리보 뉴클레익 에시드)인데, deoxy는 산소가 없다는 뜻이고, ribo는 리보스(ribose)라는 당(sugar)의 이름을 줄인 말이니까 합쳐보면 산소가 하나 없는 리보스가 결합한 핵산(nucleic acid)이라는 뜻이지. DNA를 구성하는 핵산의 종류는 산소가 하나 없는 리보스와 결합한 4가지 염기에 따라 deoxyriboguanosine, deoxyriboadenosine, deoxyribothymidine, deoxyribocytidine로 나누지. 근데 이름이 너무 기니까 줄여서 그냥 각각 염기의 이름을 따서 편하게 G, A, T, C라고 해.

· DNA 구조 ·

　혹시 〈가타카(GATTACA)〉라는 영화를 아니? 에단 호크(Ethan
Hawke)와 주드 로(Jude Law)가 나오는 1997년에 만들어진 영화야.
비록 고전영화이기는 하지만 지금 봐도 아주 훌륭하다고 생각할
걸? 이 영화의 제목인 가타카는 우주 항공회사로 오로지 유전자
재조합에 의해 완벽한 우성을 가진 사람들만이 전문적 일을 할 수
있는 곳이야.

　GATTACA에서는 부모의 사랑으로 태어난 아이(자연인-네가 태
어난 방식이기도 하지)는 유전적 결함을 가진 열등한 사람으로 우주
비행사와 같은 전문직은 절대로 할 수 없고 청소부처럼 육체노동

을 하는 직업만 가질 수 있어. 생명과학이 만들어낼지도 모르는 미래의 계급사회지. 물론 우리의 잘생기고 뛰어난 주인공인 빈센트 프리맨(에단 호크)은 자연인이지만 불법으로 우성인의 유전정보를 사서, 그 정보에 의해 생긴 계급을 타파하고 우주 비행사의 꿈을 실현하는 사람으로 나와.

네가 태어나기도 전에 만들어진 영화 얘기를 장황하게 하는 이유는 바로 영화의 영어 제목을 얘기하기 위해서야. 영어 제목이 GATTACA(가타카)인데, 이는 염색체를 구성하는 4개의 핵산인 G, A, T, C를 조합해서 만든 이름이야. GATTACA라는 영화 제목에 이미 DNA를 구성하는 기본 물질이 다 들어 있는 거지. 이 4개의 핵산 배열에 의해서 모든 생명체는 유전에 대한 정보를 가지게 되지.

허무하지 않니? 사춘기의 미묘한 불안함, 호르몬의 왕성함에 의한 사춘기의 상징 여드름, 복잡한 인체기관, 머리카락의 색깔, 키, 이 모든 것이 오로지 4종류 핵산의 배열에 의해 정보로 저장되어 있다가 때가 되면 발현된다는 것이? 그래서 더욱 놀라운지도 모르지. 세상에 똑같은 사람은 없지. 모두가 다르잖아? 정보 저장의 원리가 이렇게 단순한데 세상에 똑같은 사람이 없다는 것이 놀랍지 않니?

단순함에 의한 아름다움을 극찬한 과학자가 있어. DNA의 구조가 이중나선이라는 것을 왓슨(James Watson)과 크릭(Francis Crick)이라는 과학자가 밝혔는데, 사실 숨은 공로자가 한 명 있어. 우리는 왓슨과 크릭의 이름만을 기억하지만, 로잘린드 프랭클린 (Rosalind Franklin)이라는 여성 과학자가 거의 모든 것을 밝혔다 해도 과언이 아니지. 그런데 말이야, 왓슨과 크릭이 자신의 결과를 활용해 만든 DNA 이중나선 모형을 보여줬을 때, 로잘린드 프랭클린은 "이렇게 단순하고 아름다운 구조가 사실이 아닐 리가 없다."라고 했어. 로잘린드 프랭클린은 단순함의 아름다움을 볼 줄 아는 과학자였던 거지. 불행히도 로잘린드 프랭클린은 DNA 이중나선 구조를 밝힌 사람들에게 노벨 생리의학상이 수여(1962)되기 4년 전에 난소암으로 사망했어. 왓슨은 그녀가 DNA 이중나선 구조를 밝히기 위해 X-선을 너무 많이 이용한 것이 난소암의 원인이 아닌가 하고 추측했지.

유전자 나이에 대한 예의를 지켜라

우리의 유전정보는 몇 살이나 되었을까? 너는 고작 십대라고? 하지만 너의 유전정보는 너보다 훨씬 오래되었지. 왜냐하면 유전자는 과거를 기억하니까. 너의 유전정보는 엄마와 아빠한테서 왔잖아. 엄마 아빠가 40살이 넘었으니 너의 유정정보는 적어도 40살은 되었지. 그리고 엄마 아빠의 할아버지 할머니는 80살이 넘었으니 너의 유전정보는 80살이 넘었지.

---

* 『이중나선』, 제임스 왓슨.

DNA(Deoxyribonucleic Acid)　　　　RNA(Ribonucleic Acid)

· DNA와 RNA의 구조 비교 ·

이렇게 계속 위로 거슬러 올라가면 인류 기원의 나이에 이르겠지. 또 거기서 거슬러 올라가면 생명 기원의 나이에 이르겠지. 그렇게 너의 유전자에는 아주 오래된 생명체의 유전정보가 저장되어 있어. 많은 과학자들이 생명의 기원은 약 38억 년 전에 시작되었을 것이라고 생각하고 태초 생명체의 유전자가 세대를 거듭해 우리에게 전달되었을 거라고 생각하지. 그래서 우리 유전자의 나이는 약 38억 년쯤 되었을 거라고 해.

그럼 태초 생물체의 유전정보가 지금도 너에게 남아 있냐고 너는 반문할지도 모른다. 왜냐, 태초 생물체는 단세포 생물이었을 테니 지금의 복잡해 보이는 너와는 완전히 달라 보이니까. 너의 반문처럼 실제로는 남아 있지 않을지도 모르지. 왜냐면 태초 생명체는 DNA로 유전정보를 저장한 것이 아니라 RNA로 유전 정보를 저장했다는 학설이 유력하니까. DNA의 이름을 기억하니? deoxyribonucleic acid! 맞아, 산소가 하나 없는 리보스가 결합한 핵산. RNA는 ribonucleic acid의 약자야. DNA와의 차이라면 deoxy가 아니라는 거지. 즉, DNA보다 산소가 하나 더 있는 리보스가 결합한 핵산이라는 얘기야.

그런데 말이지, 처음에 생긴 생명체는 지구 대기 중에 산소가 없는 상태에서 만들어진 것이라 혐기성 생물이었지. 혐기성 생물은 산소를 이용하지도 못할뿐더러, 산소가 있으면 죽어. 요즘 한창 유행하는 보톡스를 아니? 보톡스는 클로스트리움 보틀리눔(Clostridium botulinum)이라는 혐기성 미생물이 만드는 독소의 독성을 약화시킨 것인데 원래 사시를 치료하기 위해 개발되었으나 지금은 주름을 개선하는 데 쓰이지.

클로스트리움 보틀리눔은 보통 산소가 전혀 없는 통조림 같은 곳에서 사는데, 사람이 통조림을 먹기 위해 뚜껑을 따는 순간 산소에 닿으면 죽어. 하지만 클로스트리움 보틀리눔이 만들어놓은 보톡스 독소가 식중독을 일으키지. 보톡스가 주름을 개선하는 치료제로 쓰인다고 해서, 상한 통조림을 따서 국물을 얼굴에 바르지는 말거라. 그건 독성이 너무 강해서 신경마비가 오니까.

산소가 없는 지구의 환경 속에서 태어난 태초 생명체는 클로스트리움 보틀리눔처럼 혐기성 생물이었지. 그러다가 어느 날 광합성을 하는 생명체가 출현하는데, 산소를 생산하는 광합성의 시기는 24억~34억 년 전 사이로 논란이 많기는 해. 산소를 생산하는 광합성의 결과, 산소가 점차적으로 대기 중에 축적되기 시작했고 축적된 산소에 의해 수많은 혐기성 미생물이 죽었어. 이를 '산소의 대재앙'이라고 부르지.

그렇다고 모든 광합성 생물체가 산소를 생산하는 건 아니야. 세상에 산소를 생산하지 않는 광합성도 있냐구? 물론 있어. 너는 광합성은 이산화탄소와 물이 만나 포도당과 산소를 만든다고 알고 있겠지만, 조금 나중에 출현한 혐기성 미생물 중에 광합성을 하지만 물 대신 황화수소를 이용해 산소가 아닌 황을 만드는 생물체도 있어. 어찌되었든 약 25억 년 전에 산소를 생성하는 광합성에 의해 대기 중에 산소가 축적되면서 산소를 이용하는 생명체가 급속도로 늘어났어.

(산소를 생산하는 광합성)
이산화탄소($6CO_2$)+물($6H_2O$) → 포도당($C_6H_{12}O_6$)+산소($6O_2$)

(산소를 생산하지 않는 광합성)
이산화탄소($6CO_2$)+황화수소($6H_2S$) → 포도당($C_6H_{12}O_6$)+황($12S$)

과학자들은 우리 몸을 이루는 진핵세포—진은 진짜를 의미하고, 핵은 핵이 있다는 것이지—가 나타난 것은 약 21억~20억 년 전이라고 추측하는데, 엄마는 그거보다 더 거슬러 올라간 약 25억 년 전의 유전자가 네 몸에 있다고 말하고 있는 것이지. 왜? 미토콘드리아 때문이지! 이놈의 미토콘드리아는 왜 계속해서 나오냐고? 그만큼 미토콘드리아가 중요하다는 거지. 중요한 것은 아무리 반복해도 모자라지 않으니까. 생명의 기원까지 따진다면 네 유전자의 나이는 약 38억 년은 되었을 것이나 미토콘드리아만 놓고 보면 그렇다는 거지.

이 시점에서 또 한 명의 위대한 과학자 이야기를 들려줄게. 그 이름은 린 마굴리스(Lynn Margulis). 이 생물학자는 진핵세포의 출현을 세포 내부공생설이란 이론으로 설명했지. 세포 내부공생설이 뭐냐? 거대 혐기성 세포가 배가 고파 산소를 이용하는 작은 미생물을 잡아먹었는데, 먹고 보니 애가 있어도 나쁘지 않은 거야. 왜 나쁘지 않느냐? 애가 산소를 이용해서 엄청난 에너지를 만들어내더라는 것이지. 그래서 소화를 시키지 않고 지금까지 같이 살고 있는데 걔 이름이 미토콘드리아야.

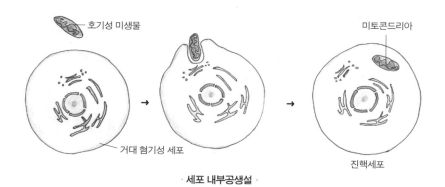

· 세포 내부공생설 ·

제2장 너는 도대체 뭐가 되려고 그러니?

미토콘드리아는 핵 안에 들어 있는 유전정보와는 다른 자신만의 유전자를 가지고 있다고 말한 것을 기억하니? 그게 말이 되냐고? 먹었는데 소화가 안 되고 남아 있는 미생물이 거대 혐기성 세포 내에서 살고 있다는 것이? 그게 세포 내부공생이지. 실제로 미토콘드리아는 핵 안에 있는 DNA의 복제와는 무관하게 자신을 복제하는데 하나의 세포 안에 하나가 아니라 수백~수천 개가 있어. 그리고 핵 안의 DNA와는 다른 특성을 나타내. 핵 안의 DNA는 풀어놓으면 직선인데 미토콘드리아 DNA는 끝이 연결된 원형이거든.

그것 말고도 다른 몇 가지 근거를 바탕으로 미토콘드리아는 외부에서 유입된 생물체라고 생각하지. 세포 내부공생이 동물세포에서만 나타난 것은 아니야. 식물은 광합성을 하는 엽록체와 미토콘드리아를 다 가지고 있는데, 엽록체도 미토콘드리아처럼 자신만의 유전자를 가지고 스스로 복제를 해. 이는 식물에서는 두 번의 내부공생이 일어났다는 것을 의미하지.

그렇게 20억 년 전에 나타난 진핵세포들이 모여 조직을 이루고, 조직이 모여서 피부, 폐, 허파 등의 기관을 통해 너라는 개체로 지금 살고 있어. 물론 그때 만들어진 세포가 지금의 너를 이루는 것은 아니지만, 그때 존재했던 세포의 유전자는 남아 네 유전자를 이루고 있지. 그러니까 적어도 네 유전자에는 진핵세포가 생겨나기 전부터 살던 미토콘드리아 조상의 유전자가 남아 있는 거야. 미토콘드리아는 대단한 녀석이지. 어떻게 유전되는지 알면 더욱더 놀라겠지만 이는 미토콘드리아 얘기를 할 때 다시 할게. 이제 미토콘드리아 얘기만 들어도 지겹겠으나 그래도 계속 나오니까 조금은 궁금해지지 않니?

최소 25억 년이 넘는 시간 동안 살아남은 너의 유전자들은 기본적으로 스스로 생존할 수 있다는 것이지. 그럼 그런 유전자를 가진 너도 지금부터 나가서 돈 벌어 스스로 생존해야 하냐고? 그건 아니야. 그건 우리가 속한 사회의 속성이기 때문에 조금은 다른 얘기지.

지금부터 스스로 돈 벌어 알아서 살라고 한다면 그건 자식 잘 키워서 다음 세대에 나의 유전자를 잘 보존하고자 하는 엄마 안에 있는 유전자가 화낼 일이지. 별 웃긴 유전자도 있지? 리처드 도킨스(Clinton Richard Dawkins)는 이 웃긴 유전자를 '이기적 유전자'(Selfish Gene)라고 불렀어. 하지만 적어도 스스로 생존할 수 있는 수많은 능력을 가졌는데도 그 모든 것을 '귀차니즘'이라는 이유로 모든 것을 엄마에게 미루는 것은 네가 가진 25억 년이 넘는 유전자에 대한 예의가 아니지 않을까? 그리고 엄마에게도 '귀차니즘'이라는 게 있다는 걸 기억해줘.

웃기지 마,
넌 나의 후손이야!

어느 날 밤새 사라진 너를 기다렸다. 그렇게 할 거면 나가! 길고 긴 설전과 엄마의 윽박지름이 끝나고 너는 집을 나갔다. 저녁거리 장을 보러 가다가 자전거를 타고 지나가는 너를 봤으나 그냥 지나쳤다. 그 순간에는 정말 너를 보고 싶지 않았다. 고작 십대인 계집애의 화장과 입고 재봉틀로 박은 것 같은 교복. 갑자기 커진 씀씀이. 늘어나는 못 보던 옷들. 그리고 자꾸만 늘어나는 거짓말들. 그래 거짓말과 변명. 지켜지지 않는 약속들. 물론 인간만이 거짓말을 하지. 거짓말은 인간만이 가진 대뇌 피질이 하는 창의성의 일환이라고 말하기도 하지만, 결국 그게 엄마를 폭발시켰지. 도대체 뭐가 되려고……

그날 밤에 너는 돌아오지 않았다. 엄마는 불량해서 네 친구들 전화번호를 몰랐고, 너를 어디 가서 찾아야 하는지도 몰랐다. 십 대 여자아이가 밤을 보낼 수 있는 곳은 어딜까? 피시방은 10시 이후 청소년 출입금지이니 아닐 테고. 친구 집? 아니, 그 잘난 자존심에 그럴 리는 없고. 그럼 어디? 공공기관? 밤에는 다 문을 잠글 텐데……. 자전거를 타고 갈 수 있는 집 근처에 24시간 개방하는 공공장소. 그게 네가 있을 수 있는 곳이리라.

밤은 길었고, 벽걸이 시계 초침 소리까지도 내 새벽잠을 깨웠다. 그 초침 소리를 들으며 네가 했던 침묵에 가까운 말들과 무언의 행동과 분노하던 나를 자꾸만 돌아봤다. 돌이켜보면서 네가 했던 사소한 거짓말들을 탐정처럼 찾아내는 과학을 전공한 엄마한테 질려 너는 결국 아무 말도 하지 않았다는 것을 깨달았지. 그냥 엄마 혼자 얘기한 거였지. 아니 엄마 혼자 화낸 거였지.

불량엄마의 분노의 가장 밑바닥에는 '나는 그러지 않았는데, 너는 누구를 닮아서 그럴까?'가 있었지. 어떻게 나와 이렇게 다를 수가 있을까, 나의 사춘기는 너와는 너무나 달랐는데, 혹시 남편이 저랬을까 하는 의문이 들었지. 결국 너는 엄마와 아빠의 유전자를 반반씩 물려받았으니까 엄마가 아니면 아빠가 아니겠어? 아빠는 누구를 닮아 저런 특성을 지니게 된 것일까? 아빠에게 물었다. 당신의 사춘기는 어떠했냐고. 자기는 그냥 눈에 띄지 않는 평범한 아이였으며 공부만 했다는 것이다. 잘나셨군요, 공부만 한 당신. 자신의 사춘기는 오히려 대학 때 왔다고. 저 나이에 이렇게 심각한 사춘기가 온 걸 보면 나를 닮아서 그런 것이 아니냐고. 생물학적으로 그 애가 자기보다는 나의 유전자를 더 많이 받았다고.

엄마의 유전자를 더 많이 받았다고?

그래 인정한다. 적어도 아빠보다는 엄마의 유전자를 더 많이 받았지. 아니 이게 무슨 소리냐고? 지금까지 엄마와 아빠 유전자를 반반씩 받았다고 해놓고. 어떻게 이제 와서 엄마의 유전자를 더 많이 받았다고 말할 수 있냐고? 그 비밀은 바로 미토콘드리아에 있지. 그래, 미토콘드리아 때문에 네가 엄마의 유전자를 더 많이 받은 것은 사실이지만, 그게 너의 지독한 사춘기와 엄마가 이해하지 못하는 수많은 행동들과 연관되어 있는지는 알 수가 없어. 미토콘드리아 유전자에 문제가 생기면 나타나는 질병이 있기는 해. 하지만 엄마는 미토콘드리아 유전자가 성격에 영향을 주기는 힘들다고 생각해. 미토콘드리아는 우리 세포 안에서 살아가기 위해 필요한 최소한의 유전자만 가지고 있거든. 물론 유전자가 성격 형성에 지대한 영향을 주는 건 사실이지만, 그건 핵 안에 있는 유전자의 역할이겠지. 또한 모든 성격이 유전자에 의해 결정되는 건 아니잖아.

너는 60조가 넘는 세포로 이루어져 있는데 모든 세포에는 각각 100개 이상의 미토콘드리아가 들어 있어. 미토콘드리아는 세포복제 때 일어나는 염색체복제와 관계없이 몸이 에너지를 많이 필요로 하면 숫자가 급격히 늘어나고 아무것도 하지 않고 누워만 있으면 파괴되거나 퇴화된 상태가 돼.

그런데 말이지 네가 엄마의 유전자를 더 많이 받았다는 게 도대체 어떻게 설명될 수 있을까? 또 한 명의 과학자 이야기를 해보자. 1987년 캘리포니아 버클리 대학의 앨런 윌슨(Allan Willson)은 미토콘드리아에 남아 있는 과거 유전자를 추적해서 모든 인류의 어머니라고 추측되는 '미토콘드리아 이브'를 찾아냈지. 윌슨이 현재의 인류는 약 20만 년 전에 아프리카에서 살던 한 여성으로부터 나왔다는 논문을 발표하자 과학계가 술렁거렸어.

그때까지 현생 인류는 각 지역 대륙에서 기원했다는 '다지역 기원설'이 받아들여지고 있었거든. 다지역 기원설을 받아들이게 된 근거는 모두 화석을 바탕으로 해서야. 세계 여기저기에서 발굴된 사람 화석 뼈의 구조나 두개골의 모양 등을 서로 비교하면서 어느 것이 오래되었으며, 어느 것이 현생 인류와 비슷한지, 뇌의 크기는 어떠한지 등을 비교해서 각 대륙에서 현생 인류가 출현했다는 결론을 이끌어냈지.

말하자면 윌슨은 완전히 다른 방법을 쓴 거야. 그게 바로 미토콘드리아 DNA를 추적한 것이지. 미토콘드리아는 세포핵 안에 있는 것이 아니라 세포질에 있잖아. 자손을 낳을 때 여자는 난자를 제공하고 남자는 정자를 제공하잖아. 그런데 정자는 오로지 23개의 염색체만을 전달해. 그러다 보니, 세포질 안에 있는 핵과는 다른 자신만의 DNA를 가진 미토콘드리아는 오로지 여성의 난자를 통해서만 전달되지.

너의 미토콘드리아는 엄마로부터 왔고, 엄마의 미토콘드리아는 외할머니로부터 왔고, 외할머니의 미토콘드리아는 증조외할머니로부터 온 것이지. 결국 미토콘드리아 DNA는 모계를 통해서만 전달되는 거야. 윌슨은 모계만을 통해 전달되는 미토콘드리아 DNA를 계속해서 찾아 올라가면 현 인류의 어머니를 찾을 수 있다고 생각했어. 그리고 연구결과 약 20만 년 전 아프리카에 살았던 한 여성이 현생 인류의 공통의 어머니라는 것을 알아냈지. 그렇게 찾아진 가상의 어머니를 미토콘드리아 이브라고 부르는 거야. 윌슨의 연구결과에 따르면 20만 년 전에 살던 미토콘드리아 이브의 후손들이 대륙을 타고 이동해서 각각의 대륙에서 현재의 다양한 인류를 이루고 있다는 거지. '다지역 기원설'에 반하는 이 이론을 '아프리카 기원설'이라고 해

그럼 네가 알고 있는 오스트랄로피테쿠스, 호모 하빌리스, 호모 에렉투스, 이런 이름들은 뭐지? 좀 더 세부적으로 네안데르탈인, 데니소바인, 베이징인은 뭐지? 새로 나온 이름에 예의를 표했어야지. 엄마가 현생 인류라는 용어를 썼잖아. 그 얘기는 현재 생존하는 인류 공통의 조상에 관한 얘기를 한 것이지. 현생 인류가 아니면? 구생 인류? 좀 비슷하긴 한데 과학자들은 구생 인류라는 표현 대신 '구인류' 또는 '고생 인류'라는 표현을 써. 고생 인류는 과거에 살았으나 지금은 생존하지 않는 인류의 조상을 의미해.

47

현생 인류의 학명은 호모 사피엔스잖아. 생각을 한다고 사피엔스라는 이름을 붙였어. 그럼 거꾸로 또 올라가보자. 네가 들어본 적이 있는 호모 하빌리스, 호모 에렉투스는 호모 사피엔스처럼 학명이야. 현생 인류의 공통의 어머니라고 추정되는 미토콘드리아 이브도 누군가의 자손일 거잖아. 그 기원은 어디서 왔을까?

현생 인류가 유전적으로 가장 가까운 침팬지를 포함한 영장류와 다른 가장 큰 특징은 생각을 한다는 것과 신체적으로 직립보행을 한다는 거지. 침팬지는 사람과 유전적으로 99%나 일치해. 99%의 유전적 동일성을 가지고도 다른 진화의 길을 오게 된 건 약 500만~700만 년 사이에 일어난 일이야. 그 시발점이 오스트랄로피테쿠스야. 오스트랄로피테쿠스로 밝혀진 가장 오래된 화석의 이름이 '루시'인데 그 화석의 뼈를 살펴보니 직립보행을 할 수 있다는 것을 알아냈어. 이는 공통의 조상으로부터 이어져 오던 영장류 계보가 갈라지게 된 특징이 '직립보행'에서 시작되었다는 거지.

그 이후 오스트랄로피테쿠스의 후손으로부터 여러 종이 출현했는데 순서상으로 보면 도구를 사용했던 호모 하빌리스, 완전한 직립보행을 했던 호모 에렉투스, 생각을 할 수 있는 특징을 지난 호모 사피엔스야. 그리고 엄마가 지금까지 얘기했던 미토콘드리아 이브는 호모 사피엔스에 속하는 것이고, 네가 알고 있는 자바인, 베이징인은 미토콘드리아 이브 이전에 살았던 호모 에렉투스에 속해.

물론 생물이 하루아침에 생겼다가 멸종하는 것이 아니니까 호

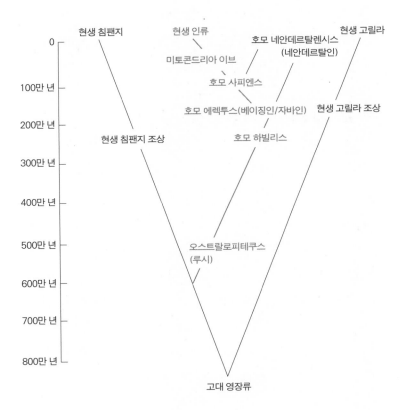

· 인류진화의 계보 ·

모 사피엔스의 후손인 미토콘드리아 이브 자손과 네안데르탈인이 일정 기간 동안 동일한 시대를 살았겠지. 동시대를 살아가다보면 종과 지역을 초월한 그들 간의 사랑 얘기도 있지 않았을까? 그래서 아주 적으나마 그들도 우리 몸에 유전자의 흔적을 남기지 않았을까? 그럼 다른 인류들은 다 어떻게 되었냐고? 후손을 남기지 못하고 죽은 거지. 그들은 사라졌으나 그들의 유전자는 우리에게 도구사용, 직립보행, 생각의 특징으로 남아 있는 거지.

그런데 여자 혼자 자손을 낳았겠어? 남자도 있었을 거잖아. 그 얘기는 남자의 공통 조상도 조사해볼 수 있다는 거고. 남자의 공통 조상은 어떻게 찾으면 될까? 남자한테만 있는 염색체. 그건 Y염색체 잖아. 당연히 과학자들이 찾아봤겠지. 그런데 미토콘드리아 이브보다 찾기가 어려워. 왜냐면 미토콘드리아 DNA는 염기가 1만 6,000개밖에 안 되는데 Y염색체의 염기는 미토콘드리아 DNA보다 4,000배쯤이나 많고 성염색체다보니 미토콘드리아 DNA보다 변이가 잘 안 일어나. 그래서 그런지 여러 번의 연구결과가 보고되기는 했으나 그 결과가 조금씩 달라서 뭐라고 말하기가 조금 힘들어.

그래! 그러니 엄마의 유전자를 더 많이 받았다는 아빠의 말이 맞는 거지. 물론 미토콘드리아 DNA 길이는 우리가 말하는 염색체에 비해서 길이가 엄청 짧기는 하지만, 그게 세포마다 최소 100개씩 있고 우리는 그런 세포를 60조 개 이상이나 가지고 있으니, 엄마 유전자를 더 많이 받았다고 할 수 있는 거지. 하지만 그게 네가 엄마를 더 많이 닮았다는 것은 아니야. 기본적으로 미토콘드리아는 자신이 생존하기 위해 필요한 최소한의 유전자만을 가졌고, 다음에 얘기하겠지만 네가 엄마의 유전자를 더 많이 받았다고 해서 유전자가 다 발현되는 건 아니니까. 그리고 엄마와 아빠의 유전자를 반반씩 받았다고 해서 똑같은 유전자를 가지고 있다는 것은 아니니까.

남동생을 가리키며 "쟤도 엄마 유전자를 더 많이 받았어?"라고 물었다. 당연하지. 네 동생의 미토콘드리아도 다 엄마한테도 온 거니까. 하지만 딸인 너를 낳지 않으면 엄마의 미토콘드리아 유전자는 사라지고 말았을 거야. 남성인 동생의 미토콘드리아는 쟤 세대에서 멈춰버리거든. 네 동생이 결혼해서 애를 낳으면 그 애는 쟤 배우자의 미토콘드리아를 가지게 되니까.

이른 새벽 학교 가기 위해 집에 들어온 너에게 병원 로비에서 자고 왔다는 말을 듣는 순간 안도감이 몰려왔다. 가장 안전하고 누군가에 의한 제지를 당하지 않으면서 따뜻하게 밤을 보낼 수 있는 곳. 병원 로비. 어떻게 그렇게 기특한 생각을 할 수 있었을까? 누구나 다 한 가지 이상의 재능을 가지고 있다고 하더니, 너도 그런 안전한 장소를 고르는 재주가 있었네. 네가 엄마의 유전자를 더 많이 받아 똑똑해서? 미토콘드리아에 있는 DNA가 두뇌의 우수성을 결정한다고 그 누구도 밝히지는 못했고 앞으로도 밝히지 못할지도 모르지만, 아니 실제로는 아무 상관없을 가능성이 매우 크지만, 적어도 그렇게 안전한 곳에서 건전하게(?) 밤을 보낸 너를 확인한 순간 나도 모르게 중얼거렸다. '그래! 너는 나의 후손임이 틀림없어. 그래서 그렇게 영특한 거야! 훌륭하지 않니? 그렇게 훌륭한 유전자를 너에게 주다니! 너는 살아남아 네 유전자를 미토콘드리아 이브처럼 20만 년 뒤에 남기는 엄청난 생명체가 될 거지?'라고.

'심쿵', '뇌섹남' 찰스 다윈!

누가 그런 생각을 했을까? 앨런 윌슨과 같은 과학자들이 공통의 조상을 찾기 위해 세대를 거슬러 올라가게 만든 태초의 이론을 제시한 사람은 누구일까? 찰스 다윈(Charles Darwin)을 알지? 『종의 기원』을 쓴 사람이야. 그 얼마나 위대한 이름인지. 엄마는 그 이름을 부를 때마다 심장이 '쿵'해. 너희들 말로 '심쿵'이라고 하나? 물론 그 이름 말고도 과학사에서 엄마의 심장을 '쿵'하게 만드는 이름들이 있지. 이미 한 사람은 알고 있잖아. 에르빈 슈뢰딩거.

진화론이 지금은 당연하게 받아들여지고 있지만 1859년에 『종의 기원』이 출간되었을 때 많은 사람들이 다윈을 비난했어. 그때까지 사람은 신이 만든 특별하고 완벽한 존재였는데, 이 책에서는 진화에 의해 생겨났으며 생물체는 공통의 조상을 가지고 있다고 하니 얼마나 받아들이기 힘들었겠어. 그래서 다윈을 원숭이로 표현하는 그림으로 그를 비난했었지. 물론 그 시대에 그런 생각을 한 사람이 찰스 다윈만은 아니야.

다윈이 『종의 기원』을 통해 진화이론을 집대성한 것은 맞지. 하지만 그전에 많은 사람들이 다윈과 비슷한 생각을 했었는데, 그중 앨프리드 월리스(Alfred Wallace)라는 사람이 있어. 이 사람은 자연선택에 관한 이론을 학술지에 발표하고자 했는데, 다윈이 그 사람 논문을 심사했지. 다윈이 그의 논문을 읽다보니까 내용이 자신의 생각과 거의 유사한 거야. 그래서 월리스와 상의해서 논문의 오류를 바로잡고 자신의 생각을 추가해서 공동으로 자연선택설에 관한 논문을 발표하지.

자연선택설이 뭐냐고? 이름을 잘 들여다봐. 처음 나온 이름이니까 이름에 대한 예의를 갖춰서. 자연이 선택한다, 고로 자연선택설! 얼마나 단순하고 명쾌한 결론이니? 자연이 선택한다는 것이. 그런데 '자연이 선택한다'라는 문장에는 중요한 것이 하나 빠져 있지. '자연'은 주어고, '선택한다'는 동사인데 '선택한다'는 동사의 목적어, 즉 '무엇을'에 해당하는 목적어가 없잖아. 그럼 자연선택설에서 매우 중요한 문제가 하나 떠올라. 자연은 '무엇을' 선택하는가? 다윈은 '무엇을'에 해당하는 것은 '환경에 잘 적응하는 것'이라고 했어.

물론 다윈의 『종의 기원』 이후에 '것'에 대한 논란이 많았지. '것'에 해당하는 것이 유전자인지 아니면 유전자로 구성된 개체인지 아니면 개체들이 모인 집단인지. 자연선택의 단위가 무엇인가에 대한 논란은 지금도 진행 중이야. 다윈이 『종의 기원』을 발표하던 해가 1859년인데, 다윈은 진화의 가장 근본적인 이유로 '변이'를 제시하지. 변이라는 것은 엄마 아빠로부터 태어난 자손이 부모와 다른 형질을 갖는 것을 말해. 다윈이 말한 형질은 표현형인데, 표현형은 유전자가 발현되어 눈에 보이는 걸 말하잖아. 물론 지금은 표현형이 유전자에 의해 결정되고 표현형으로 나타나지 않은 유전형도 있다는 것을 다 알고 있지만, 이 당시만 해도 유전자가 뭔지도 모르는 시대였지.

멘델(Gregor Mendel)의 유전법칙? 들어본 적이 있잖아? 멘델이라는 과학자가 완두콩 교배 실험을 해서 형질은 유전인자에 의해 결정된다는 사실을 세상에 발표하기 전까지 세상에는 유전자라는 단어가 존재하지도 않았어. 멘델은 1885년과 1866년에 실험결과를 발표했는데, 멘델의 직업이 수도사여서 그랬는지 모르지만, 세상을 향해 '내가 이런 위대한 발견을 했습니다'라고 떠들지 않았어.

지금이야 어떤 위대한 발견이 논문으로 발표되면 기자들이 알아서 사람들에게 알려주지만 그 옛날 1860년대에 그런 일을 상상이나 할 수 있었겠어? 그냥 본인이 떠들지 않으니 아무도 알아주지 않는 논문 발표로 끝난 거지. 그래서 그 사람의 논문은 거의 30년이 지나서야 세상에서 빛을 보게 되고 사람들이 '아~ 유전자가 형질을 결정하는구나'라고 알게 된 거지. 다윈이 『종의 기원』을 발표한 이후 멘델이 유전법칙을 발표한 상황이다 보니 다윈도 '변이'에 대한 정의를 명확하게 못한 거지. 그래서 그냥 부모와 다른 형질을 변이라고 표현했고 이 변이가 세대를 거듭해서 나타나고 쌓이면서 새로운 종이 출현한다고 했어.

결국 자연선택설의 핵심은 '자손을 낳으면서 변이가 생기고, 그 중에서 환경에 잘 적응하는 변이가 자연에 의해 선택된다. 이 과정이 지구상에 생명체가 나타난 약 38억 년 동안 계속되면서 지속적으로 종이 사멸하고 새로운 종이 출현한다'는 거지. 중요한 것은 그 변이가 다음 세대에 전달되어야만 한다는 거야.

이제부터 왜 다윈이 엄마를 심쿵하게 하는지 구체적으로 알려주마. 그는 '뇌섹남, 뇌가 섹시한 남자'라서야. 얼마나 섹시한지 들어볼래? '환경에 적응하는 것'의 가장 기본이 되는 게 변이라고 했어. 그런데 어디에 뭐가 변이가 되는지도 모르는 상황에서 변이가 다음 세대에 전달되고, 세대를 거듭할수록 변이가 축적된다는 단순한 원리를 찾아낸 거지.

엄마가 에르빈 슈뢰딩거를 얘기할 때도 그런 말을 한 것 같은데, 가끔 세상에는 다양한 현상을 하나의 단순한 원리로 설명할 수 있는 통찰력을 가진 사람들이 있다고. 그들은 눈에 보이는 다양한 현상을 섹시한 뇌를 가지고 몇 가지의 짧은 문장으로 정의하잖아. 그게 엄마를 심쿵하게 하는 이유야. 엄마만 심쿵하면 다냐고? 그게 너를 심쿵하게 하지는 않는다고 말하지 말아줘. 엄마만 심쿵한 게 아니거든. 찰스 다윈은 단순한 원리로 세상을 심쿵하게 만들었어.

물론 사람들은 다른 측면에서 다윈이 심쿵하게 만들었다고 얘기하지만, 엄마가 보기엔 다윈의 이론 중 일반 사람들을 가장 심쿵

2. 웃기지 마, 넌 나의 후손이야!

· 엄마가 심쿵한 뇌섹남 찰스 다윈 ·

하게 만든 건 변이, 즉 변할 수 있다는 거야. 생각해봐. 다윈의 이론에 따르면 사람은 신이 만든 완벽하고 특별한 존재가 아니라, 그냥 다른 생물체와 동등한 존재인 거야. 그럼 범위를 좁혀볼까? 사람들 중에 특별한 사람은 없다는 거잖아. 그리고 종은 불변하는 게 아니라 변한다면서? 모든 것은 변하게 되어 있는 거지. 그래서 사람들은 지금의 상태가 나빠도 변할 수 있다고 생각할 수 있게 된 거지. 지금 비록 가난하고 먹고 살기 힘들겠지만, 태어나면서부터 결정된 것이 아니라 변할 수 있다는 거잖아. 생물학적인 생각이 사회로 확대된 거지.

　『종의 기원』이 출간된 1859년 영국은 산업혁명으로 가난한 노동자들이 넘쳐났지. 이들에게 부자와 가난한 자는 동등하며 태어나면서 가난이 결정된 것이 아니라 변할 수 있다고 과학적으로 보여준 거잖아. 사람들이 얼마나 심쿵했겠어. 그 심쿵의 증거로 책이 출간되자마자 책이 없어서 못 팔 정도였다니까. 뭐 그 시대 사람들만 심쿵했냐고? 아니지. 후세대도 심쿵했어. 그러니까 체계화된 이론이나 학설을 의미하는 −ism(주의)라는 접미사를 다윈의 이름에 붙여 다윈이즘(Darwinism)이라고 부르고 있는 거지.

우리는 모두 20만 년 전에 살다가 후대의 자손을 전부 자신의 유전자로 채운 미토콘드리아 이브의 강한 생존력을 물려받았으며 찰스 다윈과 같은 '뇌섹남'의 유전자를 가지고 있잖아. 너도 후대에 모두를 심쿵하게 만드는 생명체가 되려는 거지?

비밀연애!
그와 너만의 비밀?

엄마의 뛰어난 추리력. 증거확보 능력. 그게 어디서 왔는지는 모르나, 확실한 것은 그게 무척이나 뛰어나다는 것이다. 가끔 집에 있는 컴퓨터를 쓰려고 하면 너무나 느려져 있어서 청소를 하는데, 그러다 보면 꼭 너의 흔적들이 나타나곤 하지. 인터넷을 떠다니는 말랑말랑한 연애소설에서부터 조금은 민망스러운 연애소설까지. 그것도 엄마가 찾을까봐 잘 못 찾는 곳에 마치 공부에 필요한 자료인 양 파일 이름을 바꿔서 숨겨놓았지. 행여나 엄마가 너의 연애감정을 들여다볼까봐. 엄마도 솔직히 말하면 많이 망설였어. 너도 너만의 사생활이라는 것이 있는데. 특히나 사춘기에 성이라는 것에 호기심이 정말 많을 텐데, 그걸 내가 들여다봐도 될까?

음, 그러다가 불량한 엄마의 사악한 마음이 '이거 다 인터넷에 떠돌아다니는 거니까 괜찮은 거 아닌가?'라고 승리를 해서 결국 숨겨놓은 파일을 열어봤음을 고백하마. 어떻게 그럴 수가 있냐고? 잘못했다고. 궁금했지? 연애라는 거. 생각만 해도 심장이 뛰고, 얼굴이 화끈거리는 연애의 감정. 그게 너와 그만의 비밀일 때 더 매혹적이지 않니? 근데 감출 수 없는 것 중의 하나가 연애감정 아니겠어? 그건 생물학적으로 연애감정이 드러날 수밖에 없기 때문이겠지. 아니 드러내야만 하기 때문인 거지. 생각해보면 우리만이 은밀한 연애감정이 더 매혹적이라고 생각할 수도 있어. 다른 생물 사회에서는 드러내놓고 연애를 하거든. 그러면서 "쟤는 내 거야"라고 과시하거든.

카나리아의 수컷은 봄이 되면 시끄럽게 노래를 해. 왜냐구? 암컷한테 "나랑 연애하자~"라고 메시지를 보내는 거지. 이런 행위를 '구애'라고 해. 원숭이 사회에는 대장 원숭이가 모든 암컷을 거느려. 그래서 암컷들로 하여금 자신의 새끼만 낳게 만들지. 다른 수컷이 새끼를 낳고 싶으면 모두가 보는 앞에서 대장 수컷이랑 싸워서 이겨야 해. 뭐 가끔 이도저도 안 되면 대장 원숭이 몰래 암컷을 꼬여내서 짝짓기를 하기도 하지. 생물사회에서는 생물학적으로 자손을 낳을 시기가 되면 알아서 짝짓기를 하지만 인간사회는 제도적으로 아무 때나 자손을 낳을 수 없게 만들어놨잖아.

우리나라는 만 19세가 되어야 부모 동의 없이 결혼할 수 있을 걸? 하지만 사람도 그게 몰래 한 연애든 공개적으로 한 연애든, 어느 순간 결혼이라는 것을 하면 세상에 공표하잖아. "저 사랑하는 사람이랑 애 낳고 잘 살게요"라고. 엄마 아빠도 그렇게 세상에 공표하고 너를 낳았잖아. 생명체가 자손을 낳을 수 있는 때가 되면 이성에게 관심을 나타내는 것은 당연한 일이야. 오히려 전혀 관심이 없으면 걱정이지.

너는 어떤 이성한테 끌릴까?

엄마는 비록 남들이 원숭이 모습으로 비하했지만 뇌가 섹시한 남자, 다윈에게 심쿵했지. 그게 이성적으로 심장이 쿵했다는 건 아니야. 그냥 위대한 과학자에게 경의를 표한 거지. 엄마도 이성에게 심장이 쿵했던 적이 있어. 그러니 너를 낳고 지금 잘살고 있는 거 아니겠어? 너는 어떤 이성에게 심쿵할 거니?

엄마가 진화학을 강의하던 시절에 학생들에게 물어본 적이 있어. 여러분의 이상적인 배우자는 어떤 사람이냐고. 학생들은 답했어. 유머 있는 사람, 나에게 잘해주는 사람, 잘생긴 사람 등등. 그런데 재밌는 건 많은 여학생들이 '능력 있는 남자'를 이상형으로 꼽는 반면, 남학생들은 '예쁜 여자'를 이상형으로 꼽았지. 왜 이런 대답이 나올까? 이게 모두 자신의 자손을 잘 키워 후대에 남기고자 하는 생물의 본능, 진화의 산물이라는 거야. 때가 되면 이성에 대한 호기심이 커지지. 너처럼. 물론 당연한 일이야. 이성에 대한 호기심은 결국 자신의 짝을 찾는 과정일 테니까.

엄마가 너를 동물 취급한다고? 사람도 결국은 생물이라니까. 그런데 어떤 이성에게 호기심이 생기느냐 그것이 중요하겠지. 여자들은 '능력 있는 남자'에게 남자들은 '예쁜 여자'에게 이끌리는 경향이 크지. 너도 잘생기고 멋진 남자 좋아하잖아. 당연히 잘생기고 멋진 남자한테 끌리지. 그러니까 수컷들이 암컷에게 잘 보이려고 암컷보다 화려한 무늬를 가지고 있는 거야. 생각해봐. 화려한 무늬는 포식자에게 쉽게 눈에 띄는데도 그 화려한 특징들이 계속 남아있잖아. 이러한 이유를 암컷에게 잘 보여 자신의 유전자를 다음 세대에 남기기 위한 수컷들의 전략이고 말하지.

모든 생명체는 자손을 남기기 위한 온갖 전략을 다 펼쳐. 훨훨 나는 정다운 암수 꾀꼬리의 모습은 교미 후 수컷이 암컷을 지키는 행위야. 이는 행여나 자기 말고 다른 개체가 와서 또 짝짓기를 할까봐 막는 거지. 그래야지만 자신의 정자가 수정될 확률이 높으니까. 미생물도 나름의 전략이 있지. 숫자로 승부하는 거야. 사람이 열 달 동안 오직 한 개체만을 낳을 수 있는 반면, 박테리아는 아주 빠른 경우 15분마다 새로운 개체를 만들 수 있거든. 그런데 사람과 같은 포유류에서는 잘생기고 멋진 것이 전략의 전부는 아니라는 거야. 물론 잘생긴 걸로 초반에는 유혹을 하겠지. 그래야 너도 호기심을 나타낼 테니까. 호기심이 전혀 생기지 않으면 그 다음 진도는 못 나가는 거잖아. 네가 잘 생긴 남자한테 혹하는 이유도 그런 거지. 너도 본능에 충실하느라 사춘기가 되면서 예쁘게 보이려고 화장도 하고, 몸에 쫙~ 달라붙는 교복도 입고 그러는 거 아닌가? 괜찮아, 다 연습이니까. 그 시간들은 진정한 너의 반쪽을 찾기 위한 과정이니까. 그걸 잘 모르고 이상 행동을 하는 사람들이 너무 많아 걱정이긴 하지만 말이야…….

그런데 결정적인 순간엔 말이지, 결정적인 순간이 뭐냐? 사람으로 따지면 배우자를 결정하는 순간? 뭐 그쯤 되겠지. 여자는 남자의 능력을 보는 거야. 연애의 진면목은 '밀당'이잖아. 밀당을 왜 하겠어? 상대방을 잘 알아보려는 본능에 의한 거지. 처음 만나보고, 두 번째 만나보고, 1년을 만나는 그 밀당의 과정을 통해 내 유전자와의 적합성, 자손을 잘 키울 수 있는지에 대한 능력을 알아가는 거지. 그러다가 어느 순간 이 정도면 되었겠다 싶어서, 다른 말로는 죽도록 사랑해서, 이 사람 없으면 못 살 것 같아서 결혼을 하지.

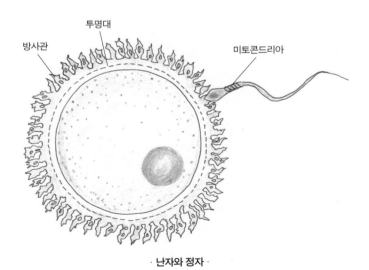

· 난자와 정자 ·

3. 비밀연애! 그와 너만의 비밀?

여성이 남성의 능력을 보는 이유를 진화학자들은 난자의 수동성에서 찾고 있어. 난자의 수동성? 무겁고 움직이지 못하기 때문에 수정되기를 그냥 수동적으로 기다리는 거지. '난자와 정자' 그림을 봐봐. 난자에 비해 정자는 엄청 작잖아. 난자의 크기는 200μm인데 비해 정자의 크기는 박테리아보다 조금 더 큰 5μm밖에 안 돼. 크고 무거운 난자가 그냥 기다리는 반면, 정자는 운동성을 가지고 적극적으로 수정할 대상을 향해 달려가잖아.

개체가 만들어지는 과정을 보면 여성과 남성이 모두 동일하게 자신의 유전자를 반반씩 투자해서 후대에 자손을 남기는데, 정자는 열심히 달려와서는 딸랑 23개 염색체만 쏙 집어넣고는 끝이잖아. 그 다음은? 그 다음은 전부 여성의 몫이지. 수정체를 분열시키는데 필요한 영양분과 에너지를 제공하고, 하나의 개체가 될 때까지 열 달 동안 뱃속에 넣고 키우잖아.

불공평하지 않아? 똑같이 유전자를 남기는데 여성이 훨씬 더 많은 에너지를 투입하고 고생도 하고. 그리고 확률적으로 보면 여성은 임신한 열 달 동안 자신의 자손을 후대에 남길 확률이 '제로'잖아. 그런데 남성은? 정자의 적극성을 이용해 또 다른 여성을 만나 수정을 할 수 있는 기회가 생물학적으로 있지. 그러니까 남성에 비해 상대적으로 여성들이 자신의 유전자를 다음 세대에 남길 확률이 낮은 거지. 그래서 능력을 보는 거야. 죽어라 고생해서 열 달 동안 뱃속에서 키워 낳은 나의 유전자를 가진 자손을 잘 키울 수 있는 능력. 그게 사회적 지위가 될 수도 있고, 돈이 될 수도 있겠고,

제2장 너는 도대체 뭐가 되려고 그러니?

똑똑함이 될 수도, 네 유전자의 부족한 부분을 채워주는 것일 수도 있겠지. 단순이 잘생긴 것만으로는 해결되지 않는 다른 능력이 필요한 거지.

하지만 남성들은 여성에 비해 유전자를 남길 확률이 높다보니까 능력보다는 외모를 더 많이 따지지. 하긴 요즘은 남성들이 능력 있는 여자를 찾는 경향이 있고 능력 있는 여자들은 잘생긴 외모를 우선으로 꼽기도 하지. 그건 우리가 처한 환경이 바뀌어 간다는 걸 의미하겠지. 그러나 그 이면에는 나의 유전자를 다음 세대에 고이고이 남기고자 하는 본능이 숨어 있는 거지. 『이기적 유전자』의 저자인 리처드 도킨스는 생명체란 유전자가 세대를 통해 거쳐 가는 기계라고 말할 정도야. 그만큼 생명체에게 자손을 낳아 다음 세대에 유전자를 남기는 것이 너무나 중요한 일이라는 거지

지금 네가 잘생긴 남자에게 심장이 뛰는 건 당연하지. 그러나 과연 네가 자손을 낳아야 하는 시점에서도 잘생긴 얼굴만 볼까? 그래서 너를 믿지. 아니 너의 유전자의 본능을 믿지. 지금은 오로지 연예인에게 목숨을 걸지만, 그 또한 팬찮은 남자, 너의 유전자를 세상에 잘 남겨줄 수 있는 능력을 가진 남자를 찾아가는 과정이라고. 사실 연예인과는 밀당을 못 하니까 그냥 생긴 것만 아니, TV를 통해 보이는 것만 보고 혹하는 거니까 연애라고 할 수도 없는 거지. 그리고 결정적인 순간에 능력 있고 잘생긴, 그리고 네가 가진 유전자와 상호보완될 수 있는 유전자를 가지고 잘 보존해줄 수 있는 그런 능력 있는 이성에게 끌릴 거라는 것을 믿어 의심치 않아.

하나의 세포가 60조의 세포로 된다?

엄마 아빠가 너를 어떻게 낳았냐고? 너무 사랑해서 두 손 꼭 잡고 잤더니 네가 생겼어. 이런 얘기는 씨도 안 먹힌다는 것을 알고 있지. 너는 어떻게 태어났는가? 엄마의 난자와 아빠의 정자가 만나서 태어났지. 그런데 너의 몸은 60조가 넘는 세포로 되어 있다고 했어. 그럼 처음부터 60조가 넘는 세포로 되어 있었을까? 절대 아니지. 처음엔 하나의 세포였어. 난자와 정자가 만나서 만들어진 수정란.

난자의 크기는 200μm라고 했지. 그렇게 하나의 세포였던 네가 태어날 때 키는 50cm 몸무게는 3.86kg이었어. 무게를 재기도 힘든 하나의 세포가 3.86kg이나 되어서, 눈도 있고 코도 있고 손가락 열 개 발가락 열 개 등 뭐 하나 빠진 것 없이 태어나다니……. 하나의 세포가 체세포분열을 통해 60조의 세포가 되면서 어디는 눈이 되고, 어디는 뇌가 되는 과정을 발생이라고 해. 발생은 아직 모르는 부분이 더 많아.

사람들이 잘 모르는 상태에서 뭔가를 알아갈 때 가장 먼저 접근하는 방법이 뭐겠어? 바로 모양이지. 수정란이 시간이 지나면서 어떤 모양으로 변하는가를 본 거야. 그래서 모양에 따라 난할, 상실기, 포배기, 낭배기라는 이름을 붙였지.

난할은 수정란을 나누는 과정이야. 너에게 도화지 한 장을 주고 세일기간 중 백화점 1층에 있는 모든 구조물과 사람을 그려 넣으라고 하면 뭐부터 할 거니? 구역을 나누는 일을 할 거잖아. 처음에 구역을 나눠봐야 나중에 특정 구역에 해당하는 기능을 부여할 수 있겠지. 너는 도화지에다가 선을 그리겠지만 수정란은 체세포분열을 통해 2개, 4개, 8개의 세포로 구역을 나누지. 그게 수정란의 난할이지.

이때까지 수정란의 크기는 그대로야. 그냥 세포분열을 통해 구역만 나눈 거지. 크기가 늘어나지 않은 상태에서 하나의 세포가 8개가 된 거니까 세포 크기는 줄어들겠지?

이때 수정란의 크기가 늘어나지 않는 이유는 난자의 투명대가 단단히 크기를 고정시키고 있기 때문인데, 투명대는 착상 이후에 사라지거든. 나팔관에서 수정이 일어나자마자 이런 일들이 일어나. 근데 자궁으로 이동해서 착상이 일어나기 전에 수정란이 커지면 좁은 나팔관에 수정란이 껴서 이동이 안 될 거잖아. 그래서 자궁에 도착할 때까지 투명대가 수정란을 단단히 붙잡고 크지 못하게 하는 거지.

그 이후 8개의 세포가 다시 분열을 하면 16개가 되잖아. 이 시기를 과거에 처음으로 그 모양을 본 사람이 뽕나무 열매 모양을 닮았다고 해서 붙인 상실배(桑實胚)라고 불러. 상실배 이후에 우리가 일반적으로 임신했다고 말하는 착상의 단계에 이르면 투명대에 의한 공간 확대 제한이 풀리면서 본격적으로 크기가 커지고 세포가 마구 보이는 시기인 포배기와 세포들이 모여 주머니처럼 보이는 낭배기가 나타나지.

포배기(胞胚期)의 '포(胞)'는 세포(細胞)의 '포'와 동일한 한자를 쓰고, 낭배기(囊胚期)의 낭은 주머니를 뜻하는 囊(낭)을 써. 한자라서 어렵다고? 그니까! 누가 이런 어려운 용어를 만들었는지, 잘 모르는 상태에서 모양만 보고 뭔가 특별한 걸 발견했다고 하려니까 어려운 용어를 쓴 게 아닐까? 그러면서 점점 더 구역을 세분화해 구체적인 기능을 부여하면서 세포도 점점 늘어나는 거지. 그 결과? 엄마 배가 자동차 핸들에 닿아 운전하기도 힘들 정도로 불러오는 거지.

그럼 나눠진 구역에서 기능을 부여받은 신경세포, 근육세포, 뇌세포는 다 분열하는 방식이 다른 건가? 또 언제까지 분열을 하는 건가? 엄마 숨 가쁘다. 하나씩 답해보자. 먼저 언제까지 분열하느냐에 대한 답부터 하자.

기본적으로 엄마 뱃속에서 수정되는 순간부터 아주 빠르게 증식하지. 앞서도 얘기했지만 수정란이 자궁에 착상하는 상실배를 지나면, 나눠진 구역별로 기능이 하나씩 부여되면서 빠르게 증식하지. 기관을 이루는 세포의 특성에 따라 다르지만, 대부분의 세포는 엄마 뱃속에서 증식을 다 한 상태에서 태어나. 하지만 태어난 이후에도 약 2년 정도 뇌세포가 증가하면서 뇌 발달이 일어나고, 근육세포의 수는 성장기 때까지 계속 늘어나. 그렇게 해서 60조가 넘는 세포가 너를 이루는 거야.

그럼 그 이후에 모든 세포분열이 끝나느냐고? 아니 그렇지 않다.

조혈모세포라는 것이 있는데, 적혈구, 혈소판 등 혈액의 주요한 구성성분으로 분화할 수 있는 즉, 기능을 아직 부여받지 않은 세포—줄기세포라고 불러—로 사람이 죽을 때까지 분열이 가능하지.

혹시 『멋진 신세계』라는 소설을 아니? 그래. 오래된 작품이니 알 리가 없지. 『멋진 신세계』는 올더스 헉슬리(Aldous Leonard Huxley)라는 사람이 쓴 책으로, 생명과학에 의한 계급사회가 생길 수도 있다는 것을 보여준 최초의 소설이라고 할 수 있지. 올더스 헉슬리는 '다윈의 불독'이라는 별명을 가진 토마스 헉슬리(Thomas Henry Huxley)의 손자야. 이 집안 유전자도 생물학이랑 관계가 깊은가봐. 토마스 헉슬리도 엄마처럼 다윈 이론에 심쿵해서 그의 진화론을 열렬히 지지한 사람이야. 그래서 누군가가 다윈의 진화이론을 비판이라도 하면, 불독처럼 물어뜯을 듯이 달려들어서 그런 별명을 얻었지.

손자인 올더스 헉슬리가 쓴 『멋진 신세계』라는 소설에서는 산소 농도를 맞춰가면서 태아의 뇌세포 증식을 조절하지. 그 결과 여러 등급의 지능을 가진 사람들이 태어나고 그들의 지능에 맞는 직업이 주어져. 이게 뭐냐고? 뇌세포가 정상적으로 분열하지 않거나 산소가 부족해 세포가 파괴되면 지능에 문제가 생기잖아. 결국 지능에 따른 계급사회가 만들어지는 거지. 그만큼 세포의 분열이 중요하다는 뜻이야.

우리가 사는 사회에서는 불의의 사고에 의해서 그런 일이 일어날 수는 있지만 의도적으로 그런 일을 벌이지는 않잖아? 생명에 대한 이해가 깊어질수록 그에 의한 남용이 일어날 확률도 높지. 그래서 많은 사람들이 소설이나 영화를 통해서 그런 남용이 일어나지 않도록 사전에 경고를 하지. 과학이 행여나 윤리를 저버리고 그런 일을 벌이지 않도록 경계하기 위해서.

그런데 말이야, 신경세포나 뇌세포 같은 세포들은 손상되면 더이상 만들어지지 않아. 그래서 척추 신경이 손상되는 경우 온몸을 전혀 움직일 수 없는 전신마비와 같은 장애가 발생하는 거지. 반면에 피부를 봐봐. 네 몸에 상처가 나면 어떤 일이 생기지? 그거야 시간이 지나면 세포가 새로 생기면서 상처가 아물지. 그래 그것도 세포의 분열이야.

그리고 우리 몸에 생기는 때, 아니 다른 말로 각질이라고 해야 하나? 이는 죽은 세포잖아. 피부세포가 죽으면 누군가는 새로운 세포를 만들어야 일정한 피부 높이를 유지할 수 있는 거 아닌가? 그게 바로 기저세포층에서 세포분열을 하면서 피부 각질층으로 밀려 나오는 거야. 피부세포의 생존 시간은 약 4주라고 해. 이 얘기는 피부를 구성하는 세포들은 분열할 수 있는 기능을 가지고 있기는 한데, 조혈모세포처럼 영원히 분열할 수 있는 것은 아니라는 거지.

가만히 생각해보면, 뇌세포나 신경세포는 살아 있기는 하지만 분열하지 않는 세포이고, 피부세포는 분열을 안 하면 죽은 거라는 결론에 도달할 수 있지 않겠니? 성인의 경우, 매일 약 2% 정도의 세포가 새로 생기는 세포로 교체된다고 하지. 그런데 60조 개의 세포로 이뤄지고 난 뒤에도 몸무게가 늘고 그런 일이 일어나잖아? 그건 세포의 개수가 늘어나는 것이 아니라 세포의 크기가 커지는 거지. 특히 지방세포의 경우, 그 안에 엄청난 양의 지방을 축적할 수 있거든. 그래서 몸무게가 늘어나는 거지. 세포의 크기가 커지는 것도 성장의 한 부분인 거 알지?

엄마도 아직 하지 않은 일이긴 한데, 우리 같이 해보면 어떨까 싶어. 아픈 사람들 중에는 장기이식만 받으면 살 수 있는 사람들이 있어. 간이나 콩팥과 같은 중요한 기관들은 세포가 너무 많이 손상되면 기능을 상실하고 세포가 재생되지 않아. 그런 기관의 기능이 멈춘다는 건 죽음을 의미하지. 이걸 해결할 수 있는 방법은 장기이식밖에 없거든. 이식이라는 것은 아주 골치가 아픈 문제야. 우리 인체는 방어체계가 워낙 뛰어나서 무작위로 다른 사람에게 장기를 이식해줄 수 없어. 유전적으로 유사한 조직적합도를 나타내는 사람에게만 이식할 수 있지.

지금 당장 하자는 것은 아니야. 사후 장기기증을 하자는 거지. 내가 죽으면 바로 아직은 쓸 수 있는 간, 신장, 망막 등을 나와 유사한 조직적합도를 보이는 사람한테 기증한다고 서명하자는 거야. 그러면 조금은 고통 받는 환자들에게 도움이 되지 않을까? 우리 모두는 미토콘드리아 이브의 유전자를 가지고 있잖아. 그런 관점에서 보면, 인류 모두는 나의 동포잖아. 나의 동포, 나의 유전자를 잘 보존하기 위한 노력을 같이 해보자고.

기능이 다른 모든 세포도 분열방식은 똑같다?

응, 끄덕끄덕. 똑같아. 엄마가 너의 탄생을 얘기할 때 하나의 세포가 60조가 되는 과정을 설명했잖아. 그러면서 한 말이 뭐지? 하나의 수정란 세포가 2개가 되고, 4개가 되고, 8개가 된다고. 그 규칙을 자세히 들여다보자. 하나의 세포가 2개의 세포로 분열되는 과정이잖아. 그런데 생식세포를 제외한 모든 세포는 46개의 염색체를 가지고 있으니까 세포가 분열하려면 어찌해야 되겠어? 모든 것이 2배가 되어야 하잖아. 그러다가 똑같이 반으로 나뉘어야 완전한 2개의 세포가 되는 거지. 지금 얘기하는 것이 체세포분열이야. 생식세포? 그건 체세포에 비해 모든 것이 절반이야. 그래야 엄마와 아빠로부터 반반씩 받아 46개를 가진 하나의 세포가 되지. 그게 수정란이지. 이미 얘기했지? 난자랑 정자는 염색체 수가 23개라는 것.

세포주기라고 들어봤지? 그러면서 G_1-S-G_2-M의 순서라고 외웠잖아. 엄마가 누누히 강조하는 이름에 대한 예의를 표해서 가만히 생각해보면, 왜 그런 단계로 이름을 붙였는지 쉽게 알 수 있어.

맞아. 새로운 이름에 대한 예의. 그게 중요하지. G는 무엇의 줄임말일까? 성장을 나타내는 Growth? 아니면 쉰다는 의미의 Gap?

둘 다야. 사람들이 관찰할 때는 아무것도 일어나지 않는 것 같아 Gap이라고 부를 수도 있겠지만 실제로는 체세포분열을 위해 세포가 무지 바쁘게 움직이는 시기라서 Growth라고도 하는 거지. 세포가 살찌는 시기인 거야. 체세포분열을 크게 두 개의 단계로 나누는데, 간기와 유사분열 단계야. 간기는 두 개의 세포로 분열하기 위한 모든 준비가 일어나는 단계고, 실제로 세포가 둘로 나뉘는 단계를 유사분열, M(mitosis)이라고 하지.

그러니까 G_1-S-G_2가 간기가 되겠지. 간기는 체세포분열을 위해 필요한 모든 준비를 하는 단계니까, 어떤 일이 일어나야겠어? 일단 모든 유전정보가 2배가 되어야 하고 세포질도 2배가 되어야겠지? 그럼 생각해보자. 저 이름들 중에 유전정보가 2배가 되는 단계가 어딜까? S단계지. S는 합성을 나타내는 영어 Synthesis에서 앞글자만 딴 거야. S가 DNA 복제가 일어나는 단계라면 G_1에서는 뭘 해야겠어? DNA 복제를 위해 필요한 물질들 그리고 세포가 두 개로 나뉠 때 필요한 모든 세포내 소기관이 두 배가 되어야겠지.

물론 그 소기관이 뭐가 있었는지는 미토콘드리아 빼고는 기억이 안 나지? 세포구조 그림 잘 보라고 말했던 거 기억해? 그런데 세포의 크기가 커지지 않고 내용물만 전부 두 배가 되기는 어렵지 않겠어? 당연히 세포의 크기도 증가하지. 이렇게 준비가 다 되면, 드디어 핵 안에 있는 DNA를 복제하는 S단계로 접어들지. 그런데 복제는 나의 유전자를 남기는 일이라 실수가 일어나면 안 되니까 복제하면서 계속 틀린 것이 없나 확인을 하지. 그렇게 DNA 복제

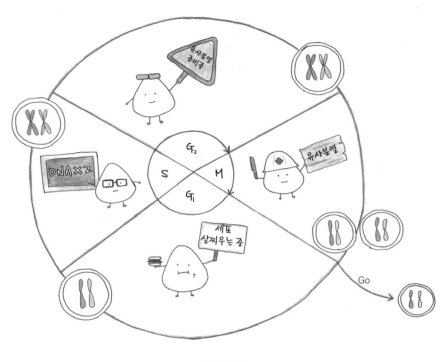

· 세포주기 ·

가 끝나면 G_2단계로 넘어가서 유사분열에 필요한 도구를 만드는 거고.

자, 이렇게 해서 모든 것이 준비가 끝나면 드디어 하나의 세포가 두 개의 세포로 쪼개지는 M(유사분열)단계로 들어가. 엄마가 염색체라는 이름이 처음 나왔을 때 했던 말 기억하니? 염색체는 긴 DNA와 히스톤이라는 단백질이 응축해서 나타나는 모양으로 현미경을 통해 관찰할 수 있다고. 바로 염색체가 M단계에서 보여. 핵 안에 마구 흩어져 있던 DNA가 왜 M단계에서 염색체라는 형태로 바뀔까? 마구 흩어져 있으면 똑같이 둘로 나누기가 힘들잖아. 그래서 나누기 좋게 예쁘게 뭉치는 거지.

일단 염색체가 나타나면 세포의 양쪽 끝으로 염색체를 당기기 위해서 중심립에서 선이 생겨. 이를 방추사라고 해. 근데 핵막이 있으면 염색체를 세포의 양쪽 끝으로 끌어당길 수가 없잖아. 이는 이 단계에서 핵막이 사라진다는 거지. 핵막이 사라지면, 세포 중앙(적도면)에 예쁘게 정렬한 염색체에 방추사가 달라붙어 세포 양쪽 끝으로 당기고 다시 핵막이 생기면서 완벽하게 둘로 쪼개지는 거야. 이런 과정이 엄마 뱃속에서 일어나는 세포의 분열이고, 네가 태어나서 성장과정에서 일어나는 세포분열이며, 상처가 생겼을 때 세포를 재생하는 과정이지.

다른 형태의 세포분열도 있지. 이미 얘기했잖아. 감수분열. 이름을 또 들여다보자. 수가 감소하는 분열이지. 그럼 뭐가 감소하느냐. 적어도 분열이니 세포 수가 감소하는 것은 아니겠지? 염색체의 수가 감소하지. 감수분열은 생식세포를 만드는 과정으로 감수분열은 체세포분열에 비해 비교적 긴 시간에 걸쳐 일어나. 엄마 뱃속에 있을 때 일부 일어나서 멈춰 있다가 네가 자손을 만들 수 있는 나이가 되면 멈춰 있던 감수분열이 다시 일어나. 이때 결정적으로 호르몬이라는 새로운 이름이 등장하는데, 호르몬 얘기는 다음에 하자고.

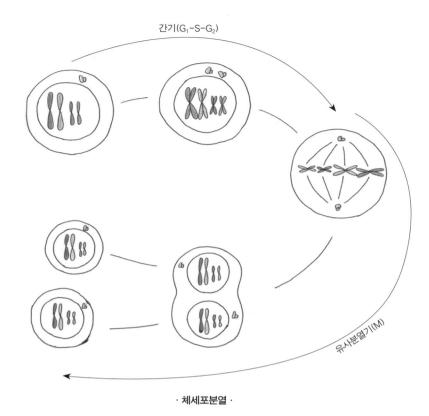

간기(G₁-S-G₂)

유사분열기(M)

· 체세포분열 ·

　23개의 염색체를 갖는 감수분열 과정은 크게 제1분열기와 제2분열기로 나눌 수 있는데, 체세포분열과 유사하면서도 조금은 특별하고도 달라. 제1분열기는 2개의 딸세포를 만드는 과정이고 제2분열기는 4개의 딸세포를 만드는 과정이야. 어떻게 특별한지 볼까? 특별한 건 DNA를 나누는 방법이지. DNA를 나누는 방법이 특별해야 46개 염색체가 23개가 될 수 있겠지. 체세포분열은 G₁-S-G₂-M 단계인데 M단계에서 복제된 DNA를 나누잖아. 감수분

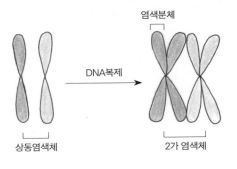

염색분체

염색체

DNA복제

상동염색체

2가 염색체

· 상동염색체와 2가 염색체 ·

열 제1단계를 체세포분열과 비교해 보면 G_1-S-G_2까지는 같은데 DNA를 나누는 M단계가 다른 거지.

S단계에서 46개의 염색체를 복제해서 M단계로 넘어가 염색체가 보이는 시기까지 갔다고 가정하고 복제된 DNA를 나눠보자. 그럼 M 단계에서 나타나는 염색체는 몇 개일까? 이건 좀 헷갈리는 질문 아닐까?

남성의 염색체로 예를 들어볼까? 1번부터 23번까지 쌍으로 있는 모든 상동염색체가 복제될 거잖아. 23번째 염색체도 복제돼서 XY가 아니라 XX+YY가 되겠지. XX+YY는 DNA 양은 XY에 비해 두 배가 된 상태지. XY는 상동염색체라고 부르는데 XX, YY는? 또 새로운 이름이 필요한 상태가 된 거지. 이렇게 복제된 하나의 염색체를 2가 염색체라고 하고, X와 Y를 염색분체라고 해. 그러니까 복제되기 전에는 46개의 염색체 상태에서 46개의 염색분체를 가지고 있겠지만, 복제된 후에는 46개의 염색체에 92개의 염색분체를 가지게 되는 거지.

77

3. 비밀연애! 그와 너만의 비밀?

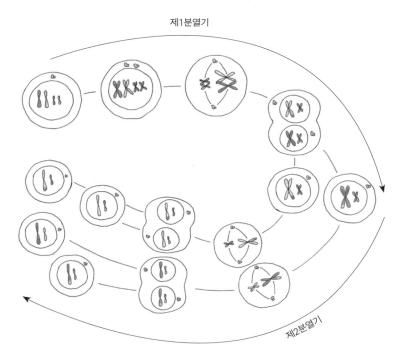

· **감수분열** ·

이건 체세포분열과 감수분열이 똑같아. 하지만 엄마가 그랬잖아. DNA를 나누는 방법이 다르다고. 어떻게 다르냐? 체세포분열은 XX+YY의 상태에서 2개의 XY로 나누지. 그래야지만 모세포랑 똑같은 2개의 딸세포가 생기겠지. 그런데 감수분열 1단계에서는 특별한 방법인 XX와 YY로 나눠. 23번째 염색체뿐만 아니라 모든 염색체를 동일한 2개의 염색분체를 23개만큼 가지도록 나누는 거야. 그럼 DNA양은 모세포와 동일하게 46개의 염색분체를 가지게 되지만 염색체는 23개가 되는 거지. 왜? 상동염색체가 아닌 하나의 2가 염색체니까.

왜 이렇게 나누겠어? 이렇게 나눠도 아무 상관없거든. 왜냐면 또 한 번의 특별한 제2분열기를 거치면서 DNA 증가 없이 그냥 완벽하게 쪼개면 23개의 염색분체를 가진 4개의 딸세포가 만들어지잖아. 엄마가 제2분열기를 특별하다고 해서 이 또한 체세포분열과 완전히 다르냐고? 아니지. 이 단계에서도 둘로 쪼갤 때 중심립이 만들어지고 방추사가 나오고, 염색체들이 예쁘게 배열해 방추사와 연결된 후 세포의 끝 쪽으로 끌려가는 현상들이 체세포분열과 같아. 세포분열의 종류에 따라 매번 다른 방식으로 다른 도구를 써서 세포를 쪼갠다면 세포가 무지 힘들고 피곤하지 않겠어? 그냥 원래가지고 있는 방법을 그냥 사용하면 쉽잖아.

근데 말이야 세포가 분열하지 않으면 죽은 거 아닌가? 일부는 맞는 말이야. 피부세포는 분열하지 않으면 죽은 거지만, 분열하지 않는다고 해서 반드시 죽은 것은 아니야. 그냥 숨만 쉬는 거지. 그러다가 숨마저 끊어지면 죽었다라고 표현할 수 있지. 저 앞의 세포주기 그림을 봐봐. 엄마가 설명하지 않은 단계가 하나 있어. 바로 G_0 단계. 엄마 뱃속에서 분열하다가 성장기가 끝나면 더 이상 분열하지 않는 세포들. 신경세포, 뇌세포 등은 특별한 명을 받아 G_0 단계에서 사람이 죽을 때까지 그 상태로 있어. 그 말은 한번 만들어지면 망가져도 다시 만들어지지 않는다는 거지. 그렇다고 G_0 단계를 죽었다고 표현할 수 있냐고? 신경세포처럼 G_0 단계에 있는 세포들은 사람이 죽을 때까지 특별한 고장이 나지 않는 한 그냥 숨만 쉬면서 기능을 유지하는 세포야.

혹시 기억나니? 황우석이라는 과학자. 그 과학자는 두 가지 측면에서 유명하지. 초기에는 우리나라 최초로 복제 기술을 완성시킨 사람으로 유명했어. 아니 사람들이 그렇게 믿고 있었지. 우리 몸에 재생되지 않는 세포들이 망가졌을 때 치료할 수 있는 방법이 뭐가 있겠어? 망가지지 않은 세포로 바꾸는 거잖아. 그런데 엄마가 그랬지? 우리 몸의 방어체계는 너무나 완벽해서 무작위적인 사람으로부터 이식될 수 없다고. 그리고 누가 신경세포를 주겠어? 내 신경세포를 떼어내면 내 신경이 망가지는데. 그래서 생각해낸 방법이 기능을 부여받지 않는 세포, 줄기세포를 만들어서 기능을 부여하면 어떨까 하는 생각을 한 거지.

그런데 사람의 세포 중 기능을 부여받지 않은 세포가 어디가 있지? 바로 난자와 골수세포지. 하지만 골수세포는 모든 세포로 분화할 수 있는 능력을 가지고 있지는 않아. 그래서 무한한 가능성을 지닌 난자를 선택한 거지. 방법은 이래. 우선 엄마 체세포에 있는 핵을 꺼내. 그리고 난자에서 핵을 꺼내 핵이 없는 난자를 만든 다음에 엄마의 체세포에서 꺼낸 핵을 집어넣는 거지. 그렇게 해서 수정란을 키우면 엄마 유전자랑 똑같은 개체를 만들 수 있는 거지. 만약 엄마의 신경세포가 망가졌다면, 엄마랑 똑같은 유전자를 가진 개체에서 신경세포를 꺼내서 엄마한테 이식하면 부작용 없이 신경세포를 이식받을 수 있다는 거지.

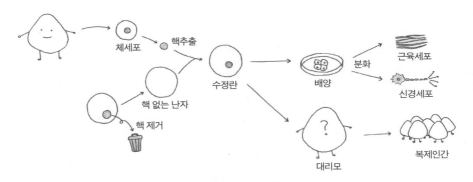

· 핵치환 기술에 의한 복제인간 만들기 ·

황우석 박사가 세계 최초로 사람의 난자를 이용한 핵치환 연구를 성공했다고 아주 유명한 학술지에 발표를 하자 우리나라를 비롯해 전 세계가 술렁거렸어. 왜냐면 척추신경 손상으로 걸을 수 없게 된 사람들은 황우석 박사의 연구결과를 이용하면 어느 날 갑자기 걸을 수 있다고 생각을 한 거지. 그때 유명했던 말이 있는데, '쇠젓가락 기술'이라는 말이야. 이 기술의 핵심은 바로 핵치환에 있거든. 체세포에서 핵을 꺼내 난자에 있는 핵과 바꾸는 거. 그게 핵치환 기술인데, 우리나라 사람이 이런 기술을 잘 할 수 있게 된 것이 젓가락질을 잘해서라는 거였지. 작은 콩도 들어 올릴 수 있는 정교한 젓가락질.

불행히도 그 논문에 실린 연구결과는 조작된 거였어. 적어도 논문에 실린 결과는 조작이었지. 그걸 누가 밝혀냈냐고? 우리나라 과학자들이야. 우리나라 과학자가 전 세계를 대상으로 사기행각을 벌이고 있는데, 그래도 우리 과학계의 학자들이 그걸 바로 잡은 거니 얼마나 다행한 일인지. 결국 논문은 철회되고, 황우석 박사는 시대의 사기꾼이란 불명예를 안을 수밖에 없었지. 그 사건은 우리나라 과학계를 비롯해 전 세계 과학계를 충격에 빠트렸어. 가장 권위 있는 학술지에 조작된 논문이 실렸다니, 그리고 척추신경이 망가진 사람들이 걸을 수도 있다는 희망이 거짓이었다니.

또 한편으로는 실험할 난자를 구하기 어려우니까 여자 연구원들로부터 난자를 채취한 게 밝혀지면서 연구윤리라는 새로운 영역이 부각된 계기가 되기도 했어. 또한 정말 나와 똑같은 개체를 인공적으로 만드는 기술을 개발하는 게 맞는가 하는 사회적 문제가 제기되었지. 복제양 돌리를 들어봤을 거야. 핵치환으로 돌리 엄마의 체세포에서 채취한 핵을 다른 양의 난자에 넣어서 태어난 돌리. 그런 걸 만들 수 있다는 거지. 그게 사람이 되면 어떤 일이 벌어질까? 사람들은 어떤 일이 벌어질까봐 두려워해. 그래서 복제인간이 만들어낼 수 있는 윤리적·사회적 문제에 대한 많은 영화가 만들어졌어. 엄마가 아는 영화만 해도 6개는 되네. 〈6번째 날〉, 〈아일랜드〉, 〈블레이드 러너〉, 〈Never let me go〉, 〈더 문〉, 〈멀티플리시티〉. 이는 두려움의 반증인 거지.

엄마가 갑자기 세포분열을 얘기하면서 왜 이런 얘기를 하는 걸까? 바로 G_0 세포에 있어. G_0 세포는 특명을 받아 더 이상 분열하지 않는 거잖아. 그럼 궁금하지 않니? G_0 세포에 "너는 더 이상 분열하지 마!"라고 특명을 주는 게 뭔지? 이 특명을 깰 수만 있다면

신경세포의 일부가 망가져도 남아 있는 신경세포에 특명을 깨는 자극을 주면 신경세포가 분열해서 원래대로 돌아갈 수도 있는 거잖아. 근데 그게 G_0 상태의 세포에게 주어진 정말 중요한 특명이긴 한가봐. 아직까지 이 연구가 뚜렷한 성과를 내지 못하고 있는 걸 보면 말이야. 그거 이외에 또 다른 상상도 가능하지 않겠어? 이미 체세포라는 기능이 주어진 세포를 다시 원점으로, 기능이 부여되기 전 단계로 돌리는 것도 할 수 있지 않을까?

최상 아님
최악의 조합?

복숭아도 싫다. 수박도 싫다. 먹기만 하면 간질간질하다고 투덜댄다. 엄마 아빠는 아무렇지 않은데 자기만 그렇다고 더 짜증을 낸다. 그러더니 어느 날 반만 잘라놓은 수박을 숟가락으로 퍼먹는 동생을 째려보면서 소리를 지른다.

"너는 왜 수박 알레르기가 없냐? 왜 나만 이래? 앞으로 집에 수박 사오지 마!"

너는 엄마 아빠의 유전자를 반반씩 받아, 아니 미토콘드리아 때문에 엄마의 유전자를 더 많이 받아 누군가를 닮아 있어야 하는데 갑자기 왜 아무도 닮지 않은 새로운 형질이 나오는 거지? 다시 앞으로 거슬러 올라가보자. 찰스 다윈. 변이. 진화의 원동력이 되는 변이? 엄마 아빠한테 없는 형질이 나타난 너는 다윈이 얘기한 진화의 원동력인 변이가 나타난 돌연변이니? 다윈은 변이가 세대를 통해 번식하면서 일어나고 그게 쌓여서 새로운 종이 나타난다고 했는데, 갑자기 웬 눈에 띄는 변이? 뭐 네가 새로운 종은 아니니까 그냥 새로운 형질이 나타난 엄마 아빠와는 다른 돌연변이, 혹은 엄마 아빠에게 유전적으로 있으나 발현되지 않았던 형질이 너에게 유전되어 발현된 개체쯤 되지 않을까?

그럼 저 아들은? 저 아들은 엄마 아빠의 좋은 점만 물려받아 복숭아와 수박까지도 먹을 수 있는 최상의 유전자 조합을 가졌고, 너는 나쁜 것들만 물려받고 거기에 돌연변이까지 생긴 최악의 유전자 조합을 가진 걸까? 엄마 아빠에게 없는 새로운 표현형을 가진 네가 최상의 유전자 아니면 최악의 유전자 조합의 산물인지 얘기해보자.

너를 움직이는 중심원리는 뭘까?

우리가 떠들었던 내용들을 살펴보자. 지금까지는 세포복제가 일어나는 과정을 봤는데, 그 안에서 무슨 일들이 일어나고 있는지는 얘기하지 않았어. 무슨 일이 일어나는지 지금까지 얘기한 거 아니냐고? 그냥 과정에서 일어나는 전체적인 현상을 얘기한 거지. 그 얘기를 하려면 세포의 복제과정과 세포가 숨 쉬면서 살아가는 일련의 과정에서 일어나는 중심원리를 알아야지.

영어로는 Central Dogma. 분자생물학의 중심원리라고 하지. 분자생물학이 뭐냐? 생물학을 원자도 아니고 개체도 아닌 원자가 모여 만들어진 분자 개념에서 들여다보는 거야. 우리가 세포분열을 얘기하면서 간기(G_1-S-G_2)에서 일어나는 일들을 얘기했었어. G_1은 DNA 합성과 세포분열에 필요한 물질을 만드는 단계고, S는 DNA 합성 시기라고 했어. 이런 일들이 세포 내에서 일어나기 위해서는 그 일을 할 도구들이 필요하잖아. 그 도구들은 그냥 만들어지는 것이 아니라 저장된 정보로부터 설계도를 받아야 만들 수 있어.

그럼 그 도구는 무엇으로 만들어지느냐? 마구 무질서하게 흩어져 있는 단위물질들, 포도당, 아미노산 등을 이용해 DNA에서 온 설계도대로 만들어지지. 이게 바로 질서를 만드는 과정이야. 여기에 쓸 수 있는 도구는 이렇게 만들어라 하고 정보를 주는 게 DNA에 저장되어 있는 거고. 세포가 분열하기 위해서는 도구만 필요한가? 아니 세포의 구조를 만드는 거대분자도 필요하지. 그래서 만들어진 도구들이 단위물질들을 조합해서 또 유전자가 보내준 설계도대로 세포구성에 필요한 핵막도 만들고, 소포체도 만들고 그러는 거지.

그 과정을 분자적 관점에서 들여다보니 DNA→mRNA→단백질의 단계를 거치더라는 거야. 갑자기 어려워지나? 그렇지 않아. DNA는 유전정보를 저장하고 있잖아. 저장된 정보를 꺼내는 일, 그게 바로 유전자의 발현이지. 말하자면 유전자의 발현은 저장된

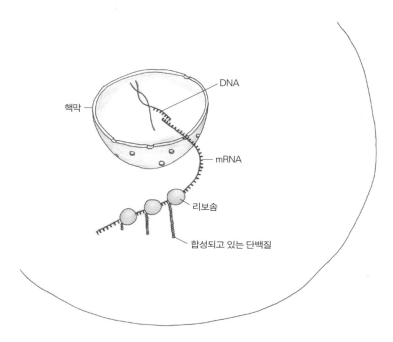

· 진핵세포에서 일어나는 중심원리 ·

정보대로 표현하는 건데, 표현하는 녀석들이 단백질 또는 효소야. 일반적으로 단백질은 머리카락과 같은 구조를 만들기도 하고, 아밀레이스와 같은 효소의 기능을 갖는 것들도 있으나 그냥 편의상 다 단백질이라고 하자.

　그런데 세포구조에서 보면 유전정보는 핵 안에 들어 있고, 단백질은 핵막 밖에 있는 소포체에 붙어 있는 리보솜에서 만들어져. 그럼 핵 안 DNA에서 정보를 꺼내서 단백질을 만드는 소기관인 리보솜으로 전달해주는 녀석이 필요하지. 전달자. 메신저. 그 역할을 하는 녀석이 mRNA야. 새로운 이름이 하나 또 나왔네. 경의를 표하면서 이름을 들여다보자. m은 전달자인 messenger의 맨 앞글자를 딴 거고, RNA은 이미 얘기한 적이 있지. Ribonucleic acid라고 DNA랑 유사하지만 염기와 결합한 리보스에 산소가 하나 더 있는 거라고. 그래 바로 DNA에 저장된 정보를 mRNA로 복사해서 행동할 수 있는 형태의 단백질로 만드는 거지. 이런 과정을 크릭은 모든 생명에서 일어는 중심원리, Central Dogma라고 정의했어. 크릭이라는 과학자는 어디서 들어봤지? DNA 이중나선 구조를 밝힌 왓슨과 크릭. 바로 그 크릭이야.

생명체의 기본 원리인 '중심원리(Central Dogma)를 보면, messenger RNA에서부터 정보를 받아 단백질을 만드는 소기관은 거친면 소포체야. 아까는 리보솜이라고 했다고? '동물세포 구조' 그림을 잘 보면 거친면 소포체에 리보솜이 붙어 있잖아. 그래서 소포체 중에서도 리보솜이 붙은 소포체를 거친면 소포체라고 하는 거라고.

이런 과정이 반드시 세포분열에서만 일어나느냐? 그런 것은 아니야. 세포분열이 일어나지 않는 세포에서도 뭐가 고장 나서 고쳐야 할 때, 외부의 자극이 와서 신호를 전달할 때도 도구가 필요하잖아. 그럴 때마다 이 원리가 작동하는 거지. 이 원리가 바로 유전자가 발현되는 순간이야. 아무리 유전자 정보를 가지고 있어도 mRNA를 거쳐 단백질로 만들어지지 않으면 표현형으로 나타날 확률은 '제로'인 거지. 이렇게 만들어진 단백질들이 너의 갈색 머리칼을 만들고 남들보다 둥근 손톱도 만드는 거지. 물론 단백질로 만들어진다고 해서 다 표현형으로 나타나는 건 아니고, 유전자가 있다고 해서 다 발현되는 건 아니야.

근데 더 이상 사용하지 않는 도구는 리소좀(lysosome)이 분해해. 그러다가 또 필요한 때가 되면 다시 만들지. 세포의 공간은 제한되어 있는데 지금 당장 필요로 하지 않는 도구를 한꺼번에 다 만들어놓을 필요는 없잖아. 그래서 필요할 때마다 만드는 거지. 걱정할 필요가 없어. 도구를 만드는 모든 정보는 DNA에 저장되어 있으니까. 그런데 세포분열 시에는 도구를 만드는 것 이외에 소포체, 골지체 등의 소기관을 만드는 일을 더하는 거고, 그때 만들어지는 도구는 세포 구성 물질을 만드는 데 관여하는 거지. 그러면서 엄마가

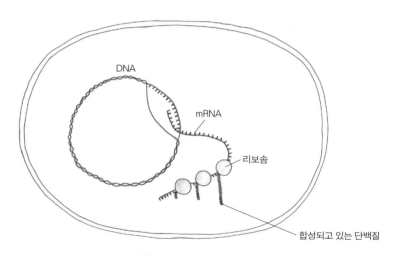

· 박테리아에서 일어나는 중심원리 ·

은근슬쩍 세포내 소기관의 새로운 기능에 대해서 말해버렸네. 리소좀의 분해기능.

그런데 말이야 왜 꼭 메신저라는 mRNA을 거쳐야 하지? DNA가 직접 정보를 거치면 소포체에 있는 리보솜에다가 전달하면 안되나? 그 이유를 DNA가 핵막 밖으로 나와야 하는데 너무 커서 나올 수 없기 때문이라고 생각할 수 있지. 그래, 맞는 말이기도 해. 그럼 박테리아는 어떨 것 같아? 박테리아는 핵막이 없는 원핵세포라서 세포질에 DNA가 흩어져 있거든. 그런데도 박테리아도 mRNA를 통해 정보를 전달해. 그러니까 Central Dogma는 핵막의 존재 여부에 관계없이 진핵세포뿐만 아니라 핵이 없는 원핵세포에서도 똑같이 일어나는 거지. 그러니까 모든 생명체에 공통으로 적용되는 '중심원리'라고 부르는 거야.

유전자 발현 과정에 mRNA가 왜 꼭 있어야만 하는지 아직까지 정확한 이유는 몰라. 하지만 진화학적으로 추측해볼 수는 있어. 세포 안에서 필요한 도구를 만드는 일이 얼마나 많은지 상상이나 할 수 있을까? 하루에 30억 개의 세포가 소멸하고 새로 만들어지고, 네가 눈으로 보고 느끼고 자극에 반응하는 그 모든 행위에 필요한 도구가 만들어졌다가 소멸되는데, 그때마다 DNA에서 직접 정보를 꺼내 쓴다면 어떤 일이 벌어질까? 아마 DNA가 쉽게 망가지겠지.

너희도 그런 일을 하는지 모르겠는데, 엄마가 학교 다닐 때 유달리 필기를 잘하는 친구들의 노트는 시험보기 전에 인기가 많았어. 누구나 다 그 친구의 노트를 복사하고 싶어했지. 그런데 100명도 넘는 친구들이 원본인 그 친구 노트를 계속해서 복사한다면 어떤 일이 벌어지겠어? 원본이 너덜너덜해져 망가지게 되잖아. 그럼 생각할 수 있는 방법이 뭐가 있겠어? 원본을 한 번 복사해. 그리고 그 복사본을 계속 복사하는 거지. 진화학자들은 mRNA가 선택된 이유 중의 하나로 DNA를 보호하기 위한 것이 아닐까 하고 생각해.

정말로 중심원리는 모든 생물체에 적용될까?

질문에 이미 답이 있다. 저렇게 물었을 때는 답은 '아니오'라는 거지. 너무 쉽게 질문했나? 다음에는 조금 더 헷갈리게 질문을 해야지. 아니라면 반드시 예외가 있다는 거잖아. 그 예외는 어디에서 출발을 했을까?

너는 잘 모르겠지만 전설적인 미국 농구스타가 있어. 이름은 매직 존슨(Magic Johnson). 1992년 바르셀로나 올림픽에서 미국 농구팀에게 금메달을 안겨준 영웅이지. 그는 고작 33살에 은퇴를 선언했어. 이유는 에이즈(AIDS : Acquired Immunodeficiency Syndrome)에 걸렸기 때문이지. 에이즈는 후천성면역결핍증이라는 질병인데, 이 질병은 HIV(Human Immunodeficiency Virus) 감염이 그 원인이야.

후천성면역결핍증이란 이름이 보여주듯이 후천적으로 면역이 결핍되는 질병이지. 면역이 결핍되면 어떻게 되겠어? 맨날 병에 걸리겠지. 실제로 많은 사람들이 에이즈에 걸려 사망하고 매직 존슨 같은 유명인까지도 감염이 되었다 하니 사람들은 자기도 에이즈에 걸리지 않을까 하는 두려움에 떨었지. 바이러스가 언제 어떻게 전파될지 모르니까. 그러나 시간이 지나면서 에이즈는 혈액을 통해서만 감염된다는 것을 알게 되고, 설사 걸려도 잘 치료하고 관리하면 된다는 사실이 밝혀졌지. 그렇다고 만만한 질병은 아니야.

처음에 에이즈가 세상에 알려진 것은 1981년인데, 에이즈의 원인이 HIV라는 것은 1983년에 밝혀지지. 물론 이 과정에서 과연 누가 최초로 에이즈의 원인 바이러스를 밝혀냈는지를 가지고 미국과 프랑스 두 나라간의 분쟁으로까지 번졌었어. 승자는 누구냐? 프랑스의 바레시누시(Françoise Barré-Sinoussi)와 몽타니에(Luc Montagnier) 팀이야. 사실 프랑스와 미국은 서로 처음으로 HIV를 발견했다고 싸우다가 결국 화해를 해. 두 나라의 과학자들이 동시에 이 바이러스를 발견했다고 합의하면서 바이러스 발견에 대한 권리도 똑같이 나누기로 약속했지. 그런데 무슨 일인지 1990년에 바레시누시와 몽타니에가 노벨 생리의학상 수상자로 선정되었으니 결국 과학계가 프랑스 손을 들어준 거지.

그 과정을 보면 재미있어. 처음 프랑스 팀이 바이러스를 분리해서 논문을 발표하기 전에 미국의 로버트 갤러(Robert Gallo)한테 논문을 보내 검토해달라고 한 거지. 이 논문을 본 갤러는 논문의 요약문을 썼고, 이와는 별도로 자신은 다른 바이러스를 발견했다고 발표를 했어. 그런데 사람들이 조사해보니까 둘이 발견한 바이러스가 이름은 다른데 유전자 배열이 너무나 똑같은 거였어. 그래서 동일한 바이러스라고 할 수밖에 없었고 결국은 과학계가 프랑스 손을 들어준 거야.

엄마가 이렇게 길게 HIV를 얘기하는 이유는 빤하지 않겠어? 바로 Central Dogma의 예외 사례니까 이렇게 열심히 설명하겠지. HIV는 DNA가 아닌 RNA로 유전정보를 저장하고 있어. 이것부터가 특이한 거지. 그런데 바이러스니까 혼자 살 수 없잖아. 그래서 숙주 몸에 들어가 사는데, 얘는 마구 증식해서 새로운 바이러스를 만들기보다는 사람의 염색체 사이에 몰래 끼어들어가서 죽은 척하고 사는 놈이야. 그런데 RNA가 사람 염색체에 들어가려면 DNA로 바뀌어야 하는 거잖아. 사람들은 깜짝 놀랐지. 아니 Central Dogma에 따르면 모든 유전정보는 DNA → mRNA → 단백질로 가는데, HIV의 RNA는 거꾸로 DNA로 바뀌더라는 거지.

DNA → RNA로 가는 과정을 전사(Transcription)라고 부르고 반대의 과정을 전사의 거꾸로 된 과정, 역전사(Reverse transcription)라고 부르지. HIV 말고도 RNA 바이러스에서 역전사가 나타나는 경우를 종종 볼 수 있어. 예외 없는 법칙은 없다고 했던가? 하지만 DNA로 변신해 사람 염색체에 끼어들어가 죽은 척하고 사는 HIV도 복제를 해야 되면 필요한 도구들을 Central Dogma에 따라 만들어.

이것만 있는 게 아니야. 단백질이 단백질을 바꾸는 경우도 있기는 해. 조금 다른 얘기지만 광우병의 원인인 프리온(prion)이 있지. 프리온은 원래 우리 뇌세포에 있는 단백질인데, 어느 날 얘가 배신

· 배신자 프리온이 정상 프리온을 배신자 프리온으로 만드는 과정 ·

을 해. 그 배신의 과정이 염색체 변이가 원인일 수도 있겠지만 우리가 광우병을 두려워하는 이유는 배신자 프리온의 상상을 초월한 능력 때문이야. 우리가 먹은 배신자 프리온은 우리 몸의 정상 프리온을 배신자 프리온으로 바꿀 수 있거든.

파푸아뉴기니아 한 섬에 사는 어느 부족은 제사장이 죽으면 그 사람의 영혼을 함께 나누기 위해 뇌를 나눠 먹는 풍습을 가지고 있었어. 그런데 유독 그 부족에서 몸이 떨리고 정신질환을 나타내는 사람이 많더라는 거야. 알고 보니 그 부족의 제사장 중에 배신자 프리온을 가진 사람이 있었는데, 배신자 프리온이 있는 뇌를 먹었더니 다른 사람들도 다 배신자 프리온을 가지게 된 거였지.

이 질병을 쿠루라고 하는데, 짧은 기간 안에 정상적이었던 프리온이 배신자 프리온이 된 거지. 이는 유전자를 통한 형질전환이 아니라 단백질에 의한 단백질의 형질전환이라는 우리가 지금까지 보지 못한 놀라운 현상이야. 그런 프리온이 왜 몸에 있냐고? 원래는 정상인 프리온이라고 했잖아. 사실 아직 정상 프리온의 기능을 정확하게는 모르지만 지금까지 밝혀진 바에 따르면, 신경이 지나치게 흥분되는 것을 막는다고 해. 그래서 이 프리온이 기능을 제대로 못하면 신경이 과다한 자극을 받아 뇌세포가 파괴되는 것으로 생각하고 있지.

"근데 엄마 좀 이상해. 생물체를 움직이는 중심원리(Central Dogma)는 생명체를 전제로 하고 있잖아. 그런데 HIV는 바이러스잖아. 바이러스가 생명체야? 프리온은 단백질인데 생명체야?"

갑작스러운 이 놀라운 질문은 엄마의 탁월한 설명 능력 때문인가? 그렇다고 말문이 막힐 엄마가 절대로 아니지. 네 말처럼 바이러스 그 자체를 생명체로 보기 어렵고, 단백질 그 자체를 생명체로 볼 수 없지. 그런데 HIV의 역전사가 일어나는 곳이 어디? 배신자 프리온이 정상 프리온을 배신자로 만드는 곳이 어디? 모두 세포 안이지. 그러니까 생명체 안에서 일어나는 일이라고 볼 수 있는 거지.

이렇게 훌륭한 질문을 하던 너는 12월 영하 18도이던 어느 토요일 새벽 6시에 홀연히 사라졌다. 카오스인 네 방에서 엄청난 증거들을 수집해서 얻어낸 결론. FT아일랜드! 홍기. 사랑. 음악중심. 녹화. 녹화장에 들어가기 위해 새벽부터 길게 줄을 선 아이들 속에 바들바들 떨면서 서 있는 너를 떠올렸다. 아닌가? 카오스 속에 핫팩 봉지가 4개나 있다. 이 얼마나 뛰어난 생존 능력인가? 도대체 그 새벽에 음악중심이라는 쇼프로 녹화장에 가게 만든, 너를 움직이는 중심원리는 무엇일까? 네 몸 속의 유전자는 다른 중심원리에 따라 움직이는데…… 너는 중심원리의 역전사처럼 예외에 속하는 것인가? 아님, 그런 너의 방을 망연히 바라보는 엄마가 외계인인가…….

유전자는 어떻게 복제돼서 너에게 갔을까?

아주 중요한 얘기가 하나 빠졌지. DNA 복제. 모든 유전정보는

DNA에 저장되어 있고, DNA 복제를 통해 다음 세대에 유전자가 전달된다. 체세포분열 과정에서 보면 간기 중 S단계에서 일어나는 일이고, 감수분열 단계에서 보면 제1분열기의 S단계에서 일어나는 일이지. 어떻게 복제가 일어나는 걸까? 너는 정말 엄마 아빠로부터 물려받은 유전자와 똑같은 DNA 염기서열을 가지고 있는 걸까?

로잘린드 플랭클린이 말했던 '그토록 아름다운 구조'를 한번 보자. 위쪽의 벌어지지 않은 부분이 DNA 이중나선 구조이고, 아래쪽의 벌어진 그림이 DNA 복제를 나타내는 그림이지. 사실 복제하는 그림의 일부만 그려놔서 그려진 그림을 보고 약간 고민했어. 다시 그려달라 할까 하고. 하지만 아직까지 DNA방향성에 관한 내용과 이에 따라 발생하는 복제 시의 문제를 아직 배울 때는 아니라는 생각이 들어 그냥 쓰기로 했지.

DNA 이중나선을 풀어 한쪽 가닥만 놓고 보면, GATTACA 영화 제목처럼 4개의 염기가 일렬로 계속 연결되어 있는 거잖아. 염기의 순서가 정보를 결정하는 거고. 그런데 이런 가닥 둘이 모여 DNA가 이중나선 구조를 이룰 때는 일정한 규칙이 있어. G-C/A-T. G는 늘 C와 결합하고 A는 늘 T와 대응하여 결합하지.

그럼 GATTACA에 대응하는 다른 DNA가닥의 염기서열은 CTAATGT가 되겠지. 이 규칙이 적용되면서 그토록 아름다운 오른쪽으로 꼬인 이중나선 구조가 되는 거야.

그런데 DNA 가닥은 방향성이 있다고 했어. 방향성은 하나의 가

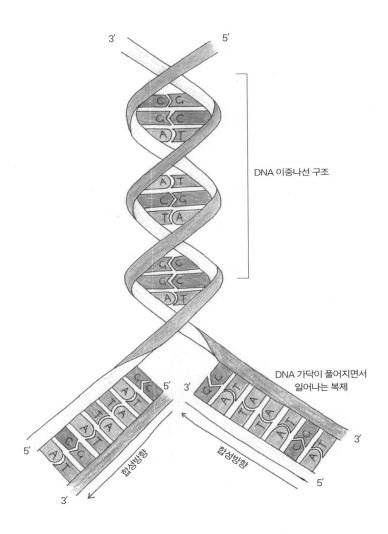

3′   5′

C G
G C
A T

A T
C G
T A

C C
G C
A T

DNA 이중나선 구조

DNA 가닥이 풀어지면서
일어나는 복제

C C
A T
T A
A T
C G
A T

G C
A T
T A
A T
C C
A T

5′   3′

3′   3′

5′   5′

합성방향   합성방향

· DNA 이중나선 구조와 복제 ·

닥에서 염기와 염기가 연결될 때 일어나는 방향성을 말해. 엄마가 DNA가닥에 염기가 배열되는 예를 들면서 그냥 G-A-T-T-C-A 라고 썼지만 이 배열에 방향성이 있다는 거야. G-A-T-T-C-A의 염기배열에 새로운 염기가 연결될 수 있는 곳은 양쪽 끝의 G와 A 두 곳이잖아. DNA의 방향성은 5'(five prime)과 3'(three prime)이라 는 용어로 설명하는데, 새로운 염기가 배열될 때는 반드시 3'쪽에 서만 연결이 일어날 수 있어. 지금 상황에서는 G와 A 중 어느 쪽 이 3'인지 알 수는 없어. 사실 아무것도 모르는 상황에서 5'이 뭐고 3'이 뭔지 설명하고 이해하려면 설명하는 엄마도 어렵고 듣는 너 도 어려우니 한 가지만 얘기하려고 해.

엄마-너-네 남자친구-아빠, 이렇게 4명이 손을 잡는다고 가정 해보자. 손을 잡을 때 규칙이 있어. 엄마가 너의 손을 잡을 때는 반 드시 엄마의 오른손으로 너의 왼손을 잡아야 돼. 그러면 4명이 같 은 방향을 보고 손을 잡기 위해서는 너는 왼손으로 엄마 오른손을 잡아야 하는 거지. 그럼 넌 자유로운 오른손으로 네 남친의 왼손을 잡고, 네 남친은 자유로운 오른손으로 아빠의 왼손을 잡고. 'DNA 방향성' 그림에서 아무것도 잡지 않은 손이 뭐가 있어? 엄마의 왼 손, 그리고 아빠의 오른손이지. 다음에 누군가가 손을 잡을 때 엄 마의 왼손은 아무도 못 잡아. 오로지 아빠의 자유로운 오른손만 다 른 사람의 왼손으로 잡을 수 있어. 그래, 그렇게 늘 자유로운 오른 손만이 다음에 오는 사람의 왼손을 잡을 수 있지. 그 자유로운 손 이 바로 DNA 가닥에서 3'인 거고. 왜냐고? 그게 DNA 합성의 규

3′ ←————————————————————→ 5′

오른손(R)

왼손(L)

왼손(L)

엄마

너

네 남친

아빠

오른손(R)

5′ ←————————————————————→ 3′

· DNA 가닥의 방향성 ·

칙이고, 엄마가 말하는 DNA의 방향성이거든. 그런데 이런 DNA 가닥 2개가 만나 이중나선 구조를 이룰 때는 방향이 바뀌는 거야. 이중나선 구조를 이루고 있는 DNA 가닥의 방향이 서로 반대인 걸 볼 수 있지?

자유로운 오른손과 함께하는 DNA 복제가 일어나면 가장 먼저 해야 하는 일이 뭘까? 우선 그토록 아름다운 구조인 우선 이중나선 가닥을 풀어야지. 가닥이 풀리면 DNA 합성에 관여하는 효소들이 달려들어 반대편 가닥에 대응되는 염기를 순서대로 연결하면서 복제를 하지.

그런데 말이야 이는 나의 유전자를 남기는 일이야. 만약 복제하는 과정에서 실수가 일어나면 잘못된 유전정보를 전달하게 되는 거잖아. 그러다 보니 DNA를 복제하면서 여러 번 제대로 된 염기가 들어갔는지 확인하곤 하지.

그러나 이 정교한 과정에서도 나무타기 선수인 원숭이가 나무에서 떨어지듯이 가끔 실수가 발생하는데 이 실수를 우리는 '돌연변이'라고 부르지. 이 실수에도 불구하고 자손이 태어난다면 치명적이지 않은 수준의 실수일 거야. 복제과정에서 실수가 매우 빈번하게 일어난다면 자손은 태어나지 못하게 될 확률이 높아지고 생명의 연속성은 현저히 감소하게 되겠지. 따라서 콩 심은 곳에서 콩이 나기는 나는데 복제과정에서 아주 낮은 빈도로 늘 실수가 일어나. 그 결과 새로 태어난 콩은 양쪽 부모 콩으로부터 받은 유전자와는 어딘가 다른 변이를 가진 새로운 콩이 되겠지. 엄마 아빠를 닮기는 했으나 엄마 아빠한테는 없는 새로운 형질을 가진 너처럼.

물론 돌연변이에는 염기가 바뀌는 돌연변이 이외에도 염색체 일부가 소실(deletion)되거나, 순서가 바뀌거나(translocation) 중복 복제(duplication)되거나 뒤집힘(inversion)으로 인한 비교적 큰 규모의 염색체 돌연변이도 있지. 이게 바로 다윈이 뭔지 모르고 말했던 진화의 원동력인 변이의 예야. 예라는 얘기는 다른 종류의 변이도 있다는 거잖아? 물론 있지! 그래서 프랑스의 생물학자인 자크 모노(Jacques Monond)는 "진화란 자기 복제자(유전자)의 오류를 막기 위해 모든 노력을 하고 있음에도 불구하고 막무가내로 생겨난 일이다"라고 했어[*]. 원숭이가 나무에서 떨어지듯이 아주 뛰어난

---

[*] 『우연과 필연』, 자크 모노.

복제선수인 생명체가 실수하는 것! 이것이 복제선수에게는 기분 나쁜 실수이나 생명체 전체의 입장에서 보면 바로 진화의 힘이 되는 거지. 그럼 이제부터 틀린 시험문제를 바라보며 "앗! 실수는 진화의 힘이니까. 난 잘한 거야!"라고 위로하는 것인가? 그런데 네가 원래 뛰어난 복제선수였던가?

이제 네가 엄마 아빠와 조금은 다른 유전자를 가지게 된 이유를 이해했니? 이걸로는 네가 최상의 유전자 조합인지 최악의 유전자 조합이 어떻게 일어나는지 조금 설명이 부족하지? 그러니 이제는 유전에 관한 얘기를 해보자고.

멘델은 왜 세상을 향해 자랑하지 않았을까?

그레고어 멘델. 유전학의 아버지지. 지금은 누구나 다 알고 있는 그 사람이 발견한 법칙들이 있어. 분리의 법칙, 우열의 법칙, 독립의 법칙. 멘델은 8년간의 실험결과를 두 번에 걸쳐 발표해. 우선 가설을 몇 가지 세웠어. 한 개체에는 하나의 형질에 대한 유전인자가 쌍으로 존재한다. 쌍으로 존재하는 유전인자는 생식세포가 형성될 때 분리되므로 각 생식세포에는 하나의 형질을 결정하는 유전인자가 하나만 있다. 생식세포로 분리되었던 유전인자는 수정을 통해 다시 쌍을 이룬다. 이때 우성과 열성의 유전인자가 만나면 우성만 표현형으로 나타난다.

이거 당연한 얘기 아니냐고? 물론 지금은 당연하지. 그러나 멘델이 실험하던 시대는 유전자가 뭔지도 모르고 염색체가 뭔지도 몰랐어. 염색체라는 개념은 멘델이 죽고 난 뒤인 1902년에 서턴(Sutton)이라는 사람이 제기했고, 대립유전자는 1926년 초파리를 가지고 실험한 모건(Morgan)이 제기했지. 아무것도 모르는 상황에서 자신이 세운 가설이 맞는지를 그 유명한 둥근 완두콩과 주름진 완두콩을 가지고 실험을 통해 증명했어.

실험을 해봤더니 순종인 둥근 완두콩(RR)과 또 다른 순종인 주름진 완두콩(rr)을 교배시켜 나온 자손(F1)은 100% 둥근 형질을 나타내더라는 거지. 이건 둥근 형질을 결정하는 유전인자 R과 주름진 형질을 결정하는 유전인자 r이 만났을 때 R이 우성이기 때문에 우성만 발현되어서 그렇다는 거지. 그리고 이렇게 될 수 있는 이유가 어버이의 유전인자인 RR과 rr이 감수분열을 거치면서 분리되었기 때문이라는 거야. 당초 멘델이 가정했던 대립유전자의

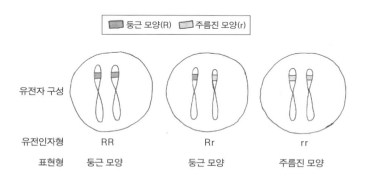

· 멘델의 가설 ·

존재, 대립유전자 간의 우열법칙, 그리고 대립유전자가 분리된다는 분리의 법칙이 성립해야지만 실험적으로 이런 결과가 나오는 거지. 분리의 법칙에 대한 다른 예를 들어보자.

다운증후군에 대해 들어봤지? 감수분열 시에 21번째 염색체가 분리되지 않아 생기는 질병이지. 이렇게 만들어진 생식세포는 23개의 염색체가 아닌 24개의 염색체를 가지게 되고, 정상적인 23개의 생식세포와 수정이 되면 46개가 아닌 47개의 염색체가 되는 거지. 이와 마찬가지로 완두콩에서 R과 r이 분리되지 않으면 정상적인 완두콩이 안 나온다는 거지.

실험을 해서 자신의 가설에 맞는 실험결과를 얻기는 했는데, 그래도 미심쩍으니까 잡종인 F1세대를 가지고 검증한 거야. 만약 자신의 가설처럼 F1세대가 Rr의 유전형질을 가지고 있다면, Rr×Rr

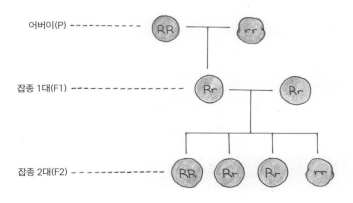

· 멘델 가설의 증명 ·

검증교배에 의한 F2세대에서는 반드시 둥근 완두콩과 주름진 완두콩의 비율이 3:1로 나온다는 거지. 그런데 해봤더니 정말 그렇게 나오더라는 거지.

그리고 또 모양(둥근 모양/주름진 모양)과 색깔(황색/녹색)을 결정하는 서로 다른 두 가지 형질 실험을 통해서 두 유전자는 염색체 상에서 따로 존재해서 서로 영향을 주지 않고 독립적으로 전달된다는 독립의 법칙을 제시했지.

이 정도로 훌륭한 이론을 제시한 사람이면 엄마가 심쿵할 수도 있지. 하지만 심쿵까지는 아니야. 그냥 뛰어난 과학자라고는 생각해. 윌리엄 브로드와 니콜라스 웨이드가 쓴 『진실을 배반한 과학자들』이란 책이 있어. 이 책에서 역사 속의 기만행위 사례를 6개 선정했는데, 그중 하나가 멘델의 기만행위야. 멘델이 배반을 했냐고? 그래. 배반을 했지. 무엇을 배반했느냐? 결과를 조작한 거지. 너도 이제는 알잖아? 자손에게 유전자를 전하는 과정에서 변이가 일어난다고. 그런데 멘델이 발표한 논문의 결과를 들여다보니까 그 어디에서도 변이가 일어난 흔적이 없다는 거야. 그건 데이터의 조작이지. 변이는 늘 일어나는 일이기 때문에 실험결과가 딱 3:1로 맞을 수가 없지. 그런데 실험결과의 모든 숫자가 3:1에 딱 맞더라는 거야.

그래서 엄마는 이렇게 생각했지. 멘델이 수도사여서 자신의 결과를 조용히 발표하고 말았을 수도 있었지만, 그게 전부는 아닐 거라고. 자신도 자신의 결과가 조작된 줄 알기 때문에 "내가 이런 위대한 발견을 했소!"라고 세상에 대고 얘기하지 않았을지도 모른다고. 그럼 왜 멘델이 그렇게 데이터를 조작했을까? 이것도 그냥 엄마 생각인데, 멘델은 정말 뛰어난 이론가이고 자신의 이론을 확신했기 때문에 그런 조작된 결과를 낼 수가 있었다고. 그래서 자신의 실험에서 이상한 결과가 나오는 것을 받아들이지 않았겠지. 아마도 이상한 실험결과가 나오면 "이건 내 이론이 틀린 게 아니라 내가 뭘 잘못해서 이런 결과가 나온 거야"라고 해석하고 버렸을 수도 있지. 이유야 어찌되었든 그 위대한 결과는 논문 발표로만 끝나고 30년이 훨씬 지나서야 사람들이 알게 된 거지.

그런데 멘델의 유전법칙을 오해한 사람들이 있어서 안타깝지. 나타난 형질, 표현형이 마치 더 뛰어나고 나타나지 않은 형질이 열등한 것처럼. 너희들도 학교 수업시간에 그러지 않았을까? 혀가 말리는 사람과 말리지 않는 사람이 있는데, 혀가 말리는 유전자가 우성이다. 나는 혀가 말리니까 내가 더 진화가 많이 되었다. 그래서 말리지도 않는 혀를 말려고, 그래서 진화가 더 많이 된 생물체가 되려고 애쓰는 친구들도 있었겠지. 사람들이 우열이라는 단어를 뛰어남과 열등함으로 인식하고, 진화는 뛰어남의 산물이라고 생각할 수 있다는 것을 보여주는 단적인 예라고 할 수 있어.

이런 현상이 단순히 한 교실에서만 나타난 게 아니라 민족적 차원에서 일어나 생긴 비극이 바로 나치즘이지. 독일인은 순수 게르만족의 우수성을 이어받았기 때문에 우월하고 생물학적으로 열등한 종족은 다 죽어야 한다고 주장했어. 그래서 수많은 유대인들이 학살당했잖아. 물론 시작이 멘델은 아니야. 그 시작은 놀랍게도 찰스 다윈이지. 다윈의 진화론을 사람들이 오해했어.

"자연에 의해 선택되는 것이 더 뛰어난 게 아니란 말이야?" 뛰어난 것이 자연에 의해 선택된 것이 아니라 자연에 적응하는 것이 선택된 거지. 그게 그 말이라고? 그게 그 말인 게 절대 아니지. 진화의 가장 큰 원동력이 뭐니? 변이 아니야? 그런데 변이가 어디서 어떻게 일어날지 누가 아니? 아니 더 정확하게 말하면 어디에 변이가 일어날지 정해져 있는 건가? 변이는 복제과정에서의 실수잖아. 일부러 정해놓고 실수를 할 수도 있겠지만, 변이는 일부러 하는 실수가 아니잖아. 그냥 무작위로 일어나는 거지.

뛰어난 것이 선택된다는 말은 변이가 뛰어난 방향으로 일어난다는 것인데, 이미 아는 것처럼 변이는 무작위로 일어나는 것일 뿐이지. 그렇게 무작위로 일어난 변이가 치명적이지 않아 개체가 태어났다면 그 개체가 속한 집단에는 동일한 형질을 결정하는 유전자의 다양성이 커지는 거지. 그러다가 환경이 바뀌면서 변이 유전자가 새로운 환경에 잘 적응하게 하는 특성을 가지고 있다면, 그 유전자를 가진 개체가 증가하겠지. 우린 이렇게 변이 유전자가 증가하거나 그 변이 유전자를 가진 개체가 증가하는 현상을 자연이 선택했다고 부르는 것이고.

과거 공룡이 번성하던 시대가 있었잖아. 그때는 공룡이 가장 뛰어나다고 생각했을지도 모르나 지금은 사멸되고 없잖아? 그런데도 형질로 발현되는 유전자가 더 뛰어나다고 할 수 있을까?

멘델이 몰랐던 것들

멘델이 몰랐던 것이 변이만은 아니야. 연관, 교차, 복대립 유전자라는 것도 몰랐어. 모르는 게 당연했지. 멘델이 제시한 가설들은 멘델이 죽은 후에 밝혀졌으니까. 그런데 유전이 된다는 얘기는 자손을 낳는다는 거잖아. 자손을 낳으려면 생식세포가 만들어져야 하고. 감수분열을 다시 보자. 한 세포에 한 쌍의 염색체(23×2)가 있어. 감수분열 중 제1분열기가 끝난 후 46개의 염색분체를 가진 2개의 딸세포가 생기잖아. 이 2개의 딸세포가 제2분열기를 거쳐 4개의 생식세포가 생기는데, 딸세포에는 절반의 염색체(23)가 들어가게 되지. 동일한 위치에 있는 대립유전자는 감수분열을 통해 각각 분리되어 유전될 수밖에 없지. 이게 멘델의 분리의 법칙이잖아.

또 다른 법칙, 독립의 법칙. 유전자는 염색체 상에 따로 존재해서 독립적으로 유전된다. 그림을 보면 좀 이상하지 않니? 동일한 염색체에 있는 유전자는 늘 같이 유전될 수밖에 없는데 독립적으로 움직이다니. 하나의 염색체에 하나의 유전자만 있는 건 말이 안 되잖아. 물론 다른 염색체에 존재하는 유전자는 독립적으로 유전되지.

멘델이 실험한 완두콩의 둥글거나 주름진 콩, 그리고 황색이거나 초록색인 이 두 형질이 독립적으로 유전된다는 독립의 법칙. 이 얘기의 전제는 두 형질을 결정하는 유전자가 각기 다른 염색체에 있어야 가능한 얘기지. 동일한 염색체상에 있는 유전자는 늘 같이

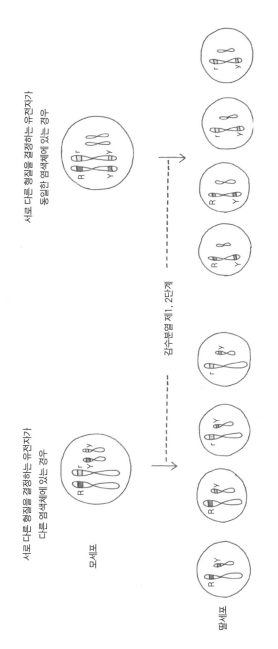

서로 다른 형질을 결정하는 유전자가
다른 염색체에 있는 경우

서로 다른 형질을 결정하는 유전자가
동일한 염색체에 있는 경우

모세포

감수분열 제1, 2단계

딸세포

독립의 법칙(왼쪽)과 연관(오른쪽)

붙어서 유전되는 거. 이게 연관이야. 멘델이 유전자가 뭔지, 염색체가 뭔지도 모르는 상황에서 다른 염색체에 존재하는 유전자를 가지고 실험한 게 우연일까? 8년간 실험하면서 멘델은 한 번도 다른 유전인자들이 연관되어 나타난다는 것을 몰랐을까? 멘델도 뭔가 연관되어서 유전된다는 것을 실험결과를 통해 알았을지도 몰라. 그런데 자신의 이론을 너무나 확신한 나머지 연관되어 나타나는 유전을 무시하고, 자신의 가정에 맞는 모양과 색깔을 결정하는 유전인자들을 선택했을지도 모르지.

그리고 또 그것만 있는 것도 아니야. 엄마가 멘델이 데이터를 조작했다고 했는데, 변이가 일어날 가능성을 완전히 배제한 결과를 발표했다고 했어. 변이는 늘 일어나고 염기서열 하나가 바뀌는 아주 단순한 돌연변이는 형질에 영향을 안 줄지도 몰라. 근데 교차라는 것도 있어. 둥근 표현형을 가진 완두콩을 가지고 다시 얘기를 해보자. 그중에서도 멘델이 실험한 F1세대의 유전형 Rr을 가지고 말이야. Rr은 '둥그냐' 아니면 '주름졌느냐'는 표현형을 결정하는 대립유전자잖아. 그런데 두 유전자의 염기서열이 완전히 다르냐? 그렇지 않아. 모양을 결정하는 유전자니까 대부분이 유사한 염기서열을 가지고 있지. 비슷한 애들끼리는 친하잖아. 친한 애들끼리는 잘 섞이지. 그 섞이는 게 교차야.

감수분열이 일어나기 전에 세포에는 염색체가 쌍으로 존재하는데 제1분열기에 복제를 해서 DNA 양이 2배가 되잖아. 그렇게 4개의 염색분체가 된 상동염색체 상에 존재하는 대립유전자들 사이

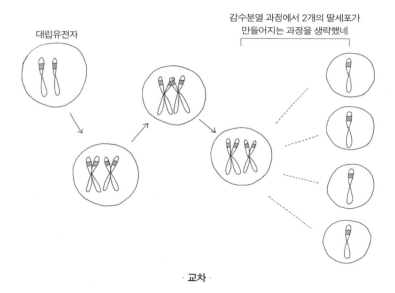

감수분열 과정에서 2개의 딸세포가
만들어지는 과정을 생략했네

대립유전자

· 교차 ·

의 염기서열이 비슷하다 보니까 서로 섞이는 현상이 나타나지. 만
약 교차된 부분이 둥근 형질을 결정하는 유전자와 주글주글한 모
양을 결정하는 유전자가 반반씩 섞인 거라면, 그리고 새로 만들어
진 생식세포 중 반반씩 섞인 유전자가 자손에게 전해졌다면 그 자
손은 둥글까 아니면 주름질까? 아니면 둥글지도 않고 주름지지 않
는 새로운 무엇일까? 분명히 새로운 형질이 나타날 법도 한데, 멘
델의 결과에는 없었지. 물론 그게 우리가 관찰하는 표현형으로 나
타나지 않을 수도 있기는 해.

"엄마 그럼, 엄마는 쌍꺼풀이 있고 아빠는 쌍꺼풀이 없는데 쌍
꺼풀이 있는 게 우성이잖아. 그럼 내 오른쪽 눈에는 쌍꺼풀이 있
고, 왼쪽 눈에는 쌍꺼풀이 없는 짝짝이인 게 교차가 일어나서 새로

운 형질로 나타난 건 아닐까? 왜냐 엄마 아빠랑 다르잖아."

음, 이런 질문을 하면 답을 하는 사람이 말문이 막힐 수도 있겠으나, 엄마의 대답은 '아니오'야. 정말 교차가 일어나서 새로운 유전형이 만들어지고 표현형으로 나타나는 거라면 그렇게 짝짝이로 나타나는 게 아니라 쌍꺼풀 모양이 엄마랑 다른 그 무엇이 아닐까? 엄마가 보기에 왼쪽 눈에 쌍꺼풀이 없는 건, 그냥 그 부분에 조금 더 지방이 많아서 있어야 할 쌍꺼풀이 안 생긴 것으로 보이는데……. 몸무게를 줄이면 쌍꺼풀이 나타날걸?

그러면서 "나의 예민한 B형도 다 엄마가 준 거잖아. 엄마가 A형이거나 아니면 O형인 남자랑 결혼했으면 내가 B형은 안 되었잖아" 하고 우긴다. 엄마가 A형이 아닌 것은 엄마 탓이 아니지만, B형인 남자를 고른 것은 엄마 탓이지. 엄마의 선택이었으니까 일부 인정하마.

그런데 엄마가 B형이 아닌 다른 남자랑 결혼했으면 네가 태어났겠어? 네가 아닌 다른 아이가 태어났겠지. 그리고 너의 B형은 아빠한테서 온 게 분명하잖아. "근데 쟤가 O형인 걸 보니 아빠는 유전형이 BO네. 아빠가 BB면 쟤도 B형일 텐데"라고 동생을 가리키며 한소리 더 한다. ABO식 혈액형의 유전방식을 다 알고 있다는 얘기잖아? ABO식 혈액형은 멘델이 몰랐던 복대립 유전자야. 멘델은 대립유전자는 늘 두 개인 것처럼, 예를 들면 둥근 것과 주름진 것, 황색과 녹색 이렇게 얘기 했잖아. 완두콩에 복대립 유전

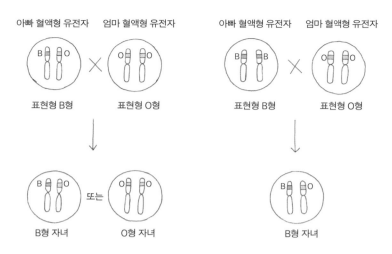

· **ABC식 혈액형의 유전** ·

자가 있는지는 잘 모르지만, 그래서 멘델이 몰랐을지도 모르지만, 사람한테 복대립 유전자가 있는 건 확실하지.

사람은 A형, B형, O형, AB형 네 가지 혈액형 중 하나를 가지고 있지. 복대립에서 '복'이란 글자는 복수를 의미하잖아. 대립유전자가 2개가 아니라 그보다 많다는 얘기지. ABO 복대립 유전자들 간의 형질을 나타내는 우열 관계를 보면 A와 B는 O에 대해 우성이고, A와 B는 우열이 없어. 그러니까 AB형이 나타나겠지. 유전자형질을 보면, AA/AO(표현형 A형), BB/BO(표현형 B), OO(표현형 O), AB(표현형 AB) 6개의 조합이 가능하겠지.

애들도 교차가 일어나서 새로운 유전형이 생길 수도 있고 이로 인해 새로운 표현형이 생길 수도 있어. 이런 경우도 있지. 아빠가 A형 엄마가 O형인데, 태어난 자손이 B형이야. 그럼 애는 어른들

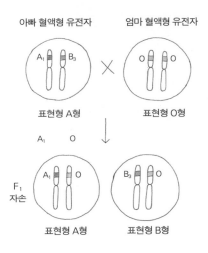

아빠 혈액형 유전자　　　엄마 혈액형 유전자

표현형 A형　　　　　　　表현형 O형

A_1　　　O

F_1
자손

표현형 A형　　　　　　　표현형 B형

· 아빠 혈액형이 A형이고 엄마 혈액형이 O형인데 자손에서 B형이 나오는 경우 ·

말처럼 다리 밑에서 주워온 것인가? 걱정하지 말라고 얘기해주고
싶네. 정밀하게 조사를 해보면 아마 아빠는 표현형이 A형이기는
하지만 A1B3라는 유전형질을 가지고 있을 거야.

　사람 혈액형 유전자의 기원이 무엇인지는 모르나, 실제로 사람
들마다 유전형은 매우 다양할 수 있어. 돌연변이, 교차 등의 이유
로 부모가 가진 유전자와 달라지는 것이지. 이는 개체가 아닌 집
단이라는 범위에서 보면 유전자를 다양하게 만들지. 유전적 다양
성은 종의 생존 또는 사멸을 결정하는 매우 중요한 요소야. 환경
이 바뀌었는데, 그 환경에 적응하는 유전자를 가진 개체가 집단에
하나도 없다면, 그 종은 사멸하고 만약 가지고 있다면 살아남겠지.
이미 얘기한 것처럼 교차를 포함한 변이는 무작위로, 다른 말로 하
면 우연히 나타나지. 우연히 나타난 결과가 현재의 환경에 잘 적응

하는 것일 수도 있고 오히려 그렇지 않은 결과를 낳을 수도 있는 것이고.

그러나 현재 그렇다고 해서 그 유전자가 미래에도 그럴 것이냐? 그건 아무도 모르는 일이 되는 거지. 그런데 사람들은 '우연'이라는 단어를 싫어하나봐. 우연이라기보다는 '필연'이기를 원하는지도 몰라. 에단 호크가 나오는 〈가타카〉라는 영화 기억하지? 그 가상의 미래 사회에서는 우성유전자만 골라서 사람의 힘인 '필연'으로 최상의 조합을 만들려고 노력하지. 그런데 그 '필연'으로 고른 최상의 조합이 반드시 뛰어날까? 영화처럼 부모의 사랑으로 우연한 유전자 조합에 의해 태어난 주인공도 '필연적' 유전자 조합에 의해 태어난 사람보다 뛰어난 능력을 발휘할 수 있지. 어쩌면 최상의 조합이란 애초부터 없는지도 몰라. 변이는 늘 무작위로 일어나고 그 변이 중에서 자연은 그때 환경에 가장 잘 적응하는 최상이 아닌 최선의 것을 선택해왔으니까.

엄마 아빠에게 나타나지 않는 너의 새로운 표현형. 그게 변이에 의한 것이라면 그건 어쩌면 유전적 다양성을 갖게 하는 시작일지도 모르잖아? 그거 말고 엄마 아빠보다 더 뛰어난 유전형질을 가지고 있는지도 모르고. 아직 그게 표현되지 않았을 뿐이지. 아니 우리가 아직 못 찾았을 거야. 물론 어떤 유전자는 현재에서는 그리 좋지 않을 수도 있으나 그게 환경이 다른 미래에는 다른 결과를 낳을 수도 있잖아.

그리고 중요한 건 네가 최상의 조합이든, 최악의 조합이든 그게 유전자를 남기는 부모 입장에서 보면 중요하지 않아. 정말 최상과 최악의 조합이 있어서 네가 최상의 조합으로 태어났다면 혼자 잘 알아서 하는 것이고, 최악의 조합이면 어떻게든 내 유전자를 잘 보존하려고 최상의 조합보다 더 많은 노력을 할지도 모르잖아. 이건 진짜 그냥 엄마 생각인데, 곳곳에서 드러나는 너의 뛰어난 생존전략을 보고 판단하건대, 넌 미토콘드리아 이브 같은 존재, 최선의 선택이 될걸?

물론 사람들은 다른 측면에서 다윈이 심쿵하게 만들었다고
얘기하지만, 엄마가 보기엔 다윈의 이론 중 일반 사람들을
가장 심쿵하게 만든 건 변이, 즉 변할 수 있다는 거야.
생각해봐. 다윈의 이론에 따르면
사람은 신이 만든 완벽하고 특별한 존재가 아니라,
그냥 다른 생물체와 동등한 존재인 거야.
그럼 범위를 좁혀볼까?
사람들 중에 특별한 사람은 없다는 거잖아.
그리고 종은 불변하는 게 아니라 변한다면서?
모든 것은 변하게 되어 있는 거지.
그래서 사람들은 지금의 상태가 나빠도 변할 수 있다고
생각할 수 있게 된 거지. 지금 비록 가난하고
먹고 살기 힘들겠지만, 태어나면서부터 결정된 것이 아니라
변할 수 있다는 거잖아.
생물학적인 생각이 사회로 확대된 거지.

제**3**장

빤한 잔소리, 잘 먹고, 잘 자고, 잘 싸고

소화, 순환, 배설

"달걀말이에 당근 넣었네. 난 당근 싫어하는데. 달걀말이 빼고는 다 풀이네. 내가 소야? 어제는 달걀찜, 오늘은 당근 넣은 달걀말이. 왜 맨날 달걀이야?" 잠도 덜 깬 너는 식탁에 앉자마자 투덜댄다.

"엄마가 내일은 생선 구워줄게."

"누가 아침부터 생선을 먹어? 소시지 없어? 햄도 없어?"

엄마가 차려준 아침 밥상을 보더니, 냉장고를 휙 열고 햄을 꺼내 굽기 시작한다. 생선이나 햄이나~. 햄을 굽고 있는 네 뒤통수를 향해 소리를 지르고 싶다. 콩나물도 있고, 멸치볶음도 있고, 열무를 데쳐 무친 것도 있고, 쇠고기 뭇국에 달걀말이 정도면 정말 성대한 아침 식사가 아닌가? 누가 이 바쁜 출근 시간에 이렇게 차려준다고?

그래도 꾸~욱 참는다. 그러면서 혀를 쏙 내민다. '쌤통이다. 햄 태웠지? 탄 음식은 암에 좋아'라고 소리 내서 말하지 못하는 말들을 혼자 생각했다. 학교 갈 애니까 기분 좋게 가야지. 근데 네가 "나 내일부터 시리얼 먹을래. 그리고 나 내일부터 다이어트 할 거니까 칼로리 낮은 ○○○으로"라고 한마디 더 거든다. 뭐라고 답하랴? 그래도 호환마마보다도 무섭다는 사춘기니까 사다준다. 그러면서 이것저것 고른다. 또 달걀도 담고, 감자, 브로콜리, 토마토, 두부, 가자미, 바지락, 또 당근 뭐 기타 등등.

아침마다 머리를 쥐어짜내서 새로운 음식을 만드는 게 쉽지는 않아. 장을 볼 때마다 성장기니까 이것도 필요하고, 저것도 필요하고 우리 몸에서는 이것도 못 만들고, 저것도 못 만드니까 음식으로 먹어야지 하면서 사오지. 그러면서 속으로 소리친다. 엄마가 해주는 음식은 다 맛있는 거라고.

왜 너만 반찬타령을 하냐고 비록 이 엄마가 불량하기는 하지만, 이 엄마 몸에 각인되어 있는 내 유전자를 가진 너를 최대한 잘 키워보려고 진심으로 노력하고 있다고. 조금은 맛있게 먹어주면 안 될까? 그래 탄 음식은 암에 좋으니까 차라리 시리얼을 먹어라. 이제부터 빤한 잔소리를 하고자 한다. 네가 태어나면서부터 하던 잔소리. 잘 먹고, 잘 자고, 잘 싸고. 그게 너의 유전자를 다음 세대에 무사히 잘 남기는 가장 확실한 방법이니까.

엄마가 해준 음식은
다 맛있는 거라고

정확하게 어느 책인지는 기억이 안 나. 여행 수필집이었던 것으로 기억해. 아침 식사에 대한 아주 감동적인 문장이었지. 어느 친구가 낯선 곳으로 여행을 가서 그 마을에서 몇 달을 살다보니 동네 사람들과 친해졌대. 하루는 이른 아침에 산책을 하다가 친한 사람으로부터 아침식사 초대를 받은 거야. 초대한 주인이 아주 단출한 아침식사를 차려주면서 그랬대. "넌 우리 가족과 같으니까 아침 식사에 초대한 거야. 집에서 아침을 같이 먹는 사람들은 가족뿐이야, 가족이 아닌 사람과는 저녁약속을 하잖아"라고. 엄마가 이 문장 한마디에 '뿅' 갔잖아. 저녁은 일하다가 만난 사람과도 먹고, 친구들과도 먹는데. 집에서 먹는 아침은 오로지 가족과 먹는 거지.

그 이후에 가끔 드라마에서 남자가 여자한테 프러포즈할 때 "난 너랑 매일 아침을 먹고 싶어"라고 말하는 것만 봐도 심장이 말랑 말랑해지곤 했었지. 물론 지금은 저런 말을 하는 남자가 있다면 "네가 아침을 차리시오~~"라고 말할 거지만. 한때 엄마도 그랬던 적이 있지. 그래서인가? 엄마는 유달리 아침 식사에 집착해. 그것 도 단품 음식은 싫고 국, 밥, 찌개, 반찬 쫙~ 깔아놓고 먹는 아침식 사. 그래야 먹은 것 같거든. 그래 엄마가 노인네일 수도 있지. 국에 다가 밥 말아 먹거나 덮밥을 먹거나 베이글에 크림치즈 발라서 먹 으면 맛있는 음식을 먹는 게 아니라, 대충 우물우물 씹느라 바쁜, 그야말로 먹는 일을 하는 거잖아. 물론 가끔은 그냥 단품 음식 줘 서 빨리 먹여 보내고 싶은 날이 있기도 해.

그래도 재주 없는 엄마가 아침상을 차리면서 꼭 지키려고 노력 하는 몇 가지가 있지. 사실 원칙은 딱 하나야. 골고루. 식탁에 있는 것을 한 번씩만 집어 먹어도 탄수화물, 지방, 단백질, 비타민 이런 것들이 부족하지 않을 수 있도록. 그러면서도 지나치게 칼로리가 높지 않도록. 그래봐야 지금 엄마가 얘기한 것들을 다 한꺼번에 샌 드위치로 말아서 먹으면 된다고? 얘기했잖아. 아침은 집에서 가족 과 먹는 거라고. 바쁘게 길을 가면서 마구 베어먹는 샌드위치가 아 니라고.

생명체는 쇼팽(CHOPINS)을 좋아해

엄마 밥상의 원칙 '골고루'는 어디서 오는 것일까? 그건 우리 몸을 구성하는 구성성분 때문이지. 세포의 구성을 다시 한 번 볼까? 다 까먹었겠지만 DNA를 포함한 핵과 미토콘드리아, 리보솜은 기억하지? 지금까지 세포의 구성에서 엄마가 얘기한 게 이 3가지잖아. 조금씩 더 작은 단위로 쪼개보자. 핵은 뭘로 구성되어 있을까? 미토콘드리아는 뭘로 구성되어 있을까? 이미 DNA가 무엇으로 구성되어 있는지는 알지? 그럼 핵막은? 리보솜은? 엄마가 은근슬쩍 기능을 얘기한 리소좀, 그리고 세포막은?

더 깊게 들어가면 단백질은 무엇으로 구성되어 있을까? 단백질은 아미노산이라는 물질로 구성되어 있는데, 그럼 아미노산은 무엇으로 구성되어 있을까? 이런 생각의 방식은 아주 오래전부터 계속되어 온 거야. 세상을 이루는 근본 물질에 대한 의문. 그런데 엄마가 얘기하는 방식을 한 번 생각해본 적이 있니? 너→기관→세포→세포내 기관→세포내 기관구성 물질, 이런 순서지. 이렇게 큰 단위에서 더 작은 단위로 계속 나눠 가면서 그 본질이 무엇인지 알아보는 방식을 환원주의(reductionism)라고 해. 우리말이 더 어렵긴 해. 왜냐면, 영어를 보면 reduction-ism이잖아. reduction은 '줄인다'는 reduce에서 온 거니까 점점 쪼갠다는 의미가 쉽게 보이지.

예전부터 사람들은 커다란 물질을 작게 나누다 보면 본질이 무엇인지 알 수 있을 거라고 생각했어. 그래서 분자라는 것을 찾아냈고, 분자를 구성하는 원자를 찾아냈지. 그리고 마침내 원자를 구성하는 물질을 찾아냈지. 물론 지금은 조금 다른 방향으로 접근하고 있긴 해. 반대방향 아니냐고? 맞아. 반대방향이야. 사람들이 나누고 또 나눠봤는데 몇 개의 주된 가장 근원적인 물질이 모여서 전혀 다른 새로운 기능을 가진 것을 만들어내더라는 거야. 요즘 한창 뇌과학이 관심분야지. 자극을 인지하고 기억하고 저장하고 반응하는 방식을 통합적인 관점에서 보려는 노력이 한창이지. 그런데 통합적인 시각을 갖기 위해서는 환원주의적 관점에서 근본물질을 알아야 하지 않을까?

우리는 아직 환원주의적 관점에서 세포를, 나를 이루는 근원물질이 무엇인지 모르니까 다시 환원주의적 관점으로 돌아가 보자. 예를 들어 사람의 간세포를 구성하는 물질의 비율을 보자. 간세포는 물이 85%이고, 단백질 10%, 지질 2%, 핵산 1%, 탄수화물 0.5%, 무기염류 1.5%. 이쯤 되더라는 거야. 물이 가장 많지? 그 다음이 단백질이고, 우리가 주식으로 밥을 먹는데 구성적인 면에서 탄수화물은 생각보다 많지 않지. 물론 기관을 구성하는 세포의 종류에 따라 비율이 조금씩 달라지기는 하지만 말이야. 생각보다 지질이 많지?

우선 가장 많은 물이라는 녀석을 보자고. 이 녀석은 아주 특이해. 물의 분자모양을 알고 있니? 산소를 중심으로 수소가 2개 결합되어 있는데, 수소가 결합된 형태가 산소를 중심으로 180도가 아니라 104.5도쯤 돼. 그게 그렇게 중요한 문제냐고 질문할 수 있

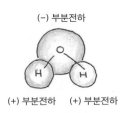

(-) 부분전하

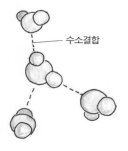

수소결합

(+) 부분전하   (+) 부분전하

· 물의 구조와 수소결합 ·

겠으나, 매우 중요해. 우리가 과거 화성에 생명체가 살았다고 추측하는 이유 중 하나는 물이 흘렀던 흔적이 있기 때문이야. 그만큼 물이라는 것은 생명을 유지하는 데 매우 중요한 물질인데, 그건 산소에 결합된 두 수소가 이루는 각도가 180도가 아니라 104.5도라서 생기는 특성 때문이야.

자세한 얘기는 원자를 좀 알아야 할 수 있긴 하지만 그림에서 보이는 특성만 가지고 얘기해보자. 일단 그림에서 보면 부분적으로 (+), (-)의 전하를 띠는 구조를 가지지? 저런 구조로 되어 있어서 물 분자는 물 분자끼리 수소결합을 해서 강한 응집력을 보이고, 강한 응집력 덕분에 비열이 높아 생물의 체온이 쉽게 올라가거나 내려가는 것을 막아주지.

비열이 뭐냐고? 1g의 어떤 물질을 1℃ 올리는 데 필요한 에너지인데, 들어가는 에너지가 클수록 비열이 크다고 할 수 있지. 그러니까 쉽게 온도가 올라가거나 내려가지 않는다는 거야. 또 저 수소결합을 끊어내는 기화열이 커서 증발할 때 몸의 열을 빼앗아 체온

1. 엄마가 해준 음식은 다 맛있는 거라고

을 일정하게 유지시키기도 해. 그것만 있나? 그림에서 보이는 부분적 전하로 인해 많은 물질들이 잘 녹아. 그래서 몸에 필요한 여러 물질들을 녹여서 물질의 흡수와 이동을 쉽게 하는 특성도 가지고 있지. 그러니까 그만큼 생명체 존재에 있어서 물은 반드시 필요한 요건이라고 생각하는 거지.

원푸드 다이어트라고 들어봤니? 한 가지 음식만 먹는 다이어트 방법이지. 그런데 그중에서도 근육을 키우기 위해 먹는 대표적인 음식이 닭가슴살이잖아. 그 얘기는 단백질이 많은 음식을 먹으면 근육 생성에 도움이 된다는 거지. 우리 몸에는 단백질로 구성된 수많은 물질이 있어. 물론 앞에서 얘기한 근육을 이루기도 하지만, 우리 몸의 효소와 같은 도구가 그 대표적인 예라고 할 수 있지.

단백질은 아미노산이라는 단량체로 구성되는데, 인체에 필요한 아미노산은 20가지 정도가 돼. 이 20개의 아미노산이 연결되어 도구가 되는 거지. 그런데 아미노산이라고 부르는 애들은 공통의 구조를 가지고 있어. 가운데 탄소를 중심으로 NH_3^+(암모니아기),

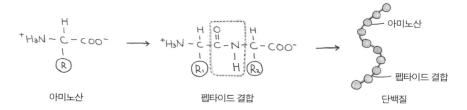

· 아미노산 구조와 펩타이드 결합에 의한 단백질 ·

H(수소), COO⁻(카르복실기)가 붙어 있지. 다음 그림에서 R이라고 되어 있는 부분에 무엇이 결합하느냐에 따라 아미노산이 종류가 결정되지.

아미노산과 아미노산은 펩타이드 결합이라는 공통된 규칙에 의해 연결되어 거대분자인 단백질을 이루지. 이런 단백질은 그냥 무작위로 만들어지는 것이 아니라는 걸 알지? 유전정보를 전달하는 mRNA가 리보솜에 DNA 정보를 전달하면 전달된 정보에 따라 순차적으로 아미노산이 결합하게 되는 거야.

이번엔 세포막을 확대해보자. 세포막을 보면 탄수화물이 여기저기 보이지? 탄수화물 사슬밖에 안 보인다고? 아니지. 당지질, 당단백질이 보이지? 단백질과 지질에 탄수화물의 종류인 당이 결합된 거야. 재미있는 건 세포막을 구성하는 물질이야. 세포막은 인지질로 구성되어 있는데, 인지질이라는 이름에서 알 수 있듯이 인산기(PO_3^-)를 포함한 부분과 지질 부분으로 구성되어 있어. 인산기를 포함한 부분은 물에 잘 녹는 특성이 있는 반면 지질 부분은 물에 잘 안 녹는 특성이 있지. 서로 다른 특성을 한 분자에 포함하고 있다 보니 친수성과 소수성의 이중적인 성격을 가지고 있을 수밖에 없어. 물에 잘 녹는 부분은 물과 친해 친수성이라 하고, 물에 안 녹는 지질 부분은 물을 싫어해서 소수성이라 해.

그게 뭐 재밌는 일이냐고? 이중적인 성격이라니까. 소수성인 지질 부분은 물에 안 녹으니까 자기들끼리 모일 수밖에 없지. 소수성의 대표적인 예인 식용유를 물에 떨어뜨려봐. 기름방울이 생기

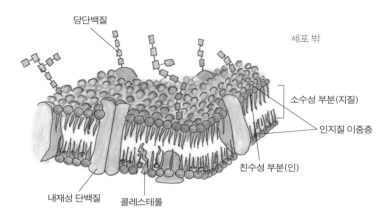

당단백질

세포 밖

소수성 부분(지질)

인지질 이중층

친수성 부분(인)

내재성 단백질   콜레스테롤

· **세포막의 구조** ·

는 걸 볼 수 있지? 섞일 수 없는 물과 기름의 관계가 명확하게 보이지. 그러다 보니 인산기 부분은 물이 있는 바깥쪽과 세포질 안으로 향하고 지질은 안쪽으로 끼리끼리 모이는 거야. 내면에는 죽어라 물을 싫어하는 소수성, 외면에는 물을 너무나 좋아하는 친수성을 가진 인지질의 이중적 성격 때문에 세포막의 기본 틀인 이중층이 형성되는 거고. 지질은 그런 역할만 하는 게 아니야. 지질은 그 자체가 에너지원으로 사용되기도 하고, 몸이 쓰고 남은 탄수화물이나 단백질을 저장하는 역할도 하지. 그러다가 에너지원이 없어지면 몸에 축적된 지방을 꺼내 쓰는 거야. 그것 말고도 지금의 너의 사춘기를 일으키는 성 호르몬과 같은 호르몬도 단백질과 콜레스톨이라는 지질이 결합되어 만들어지는 거야.

핵산은 이미 지겨울 만큼 얘기했지? 핵산은 당(리보스)과 염기(G,A,T,C) 그리고 인이라는 무기염류가 결합된 거야. 당이 뭘까?

당은 탄수화물의 한 종류야. 탄수화물은 네가 알고 있는 단당류인 리보스, 이당류인 설탕에서부터 녹말에 이르기까지 그 크기와 종류가 헤아릴 수 없이 많지만 동물세포를 구성하는 탄수화물 양은 그리 많지 않아.

하지만 식물세포에서는 탄수화물이 무지 많아. 식물세포는 동물세포와는 달리 세포벽이 있잖아. 이 세포벽을 구성하는 물질이 셀룰로스(cellulose)라는 탄수화물인데 단당류인 포도당이 길게 연결된 거대분자의 한 종류야. 셀룰로스는 우리가 흔히 나무에서 볼 수 있는 나무껍질의 주된 구성성분이야. 동물세포와 다른 점이지. 우리 피부를 손가락으로 누르면 폭신폭신한데, 나무는 누르면 딱딱하잖아. 그게 물론 셀룰로스가 전부는 아니지만, 셀룰로스가 주된 구성성분인 세포벽이 있기 때문이지.

그런데 옛날부터 과학자들이 해오던 방식으로 조금만 더 분해해보자. 당, 단백질, 지질, 그 모두를 구성하는 기본 원소는 뭘까? 분자마다 구성하는 원소가 다 다르겠지만 그것들을 낱낱이 분해해보면, 탄소(C), 수소(H), 산소(O), 질소(N)가 가장 많고 일부 황(S), 인(P), 요오드(I)와 같은 다른 원소가 포함되어 있지. 이 원소들이 조합되어서 당을 만들기도 하고 단백질을 만들고, 지질을 만들기도 해. 놀랍지 않니? 고작 몇 개의 원소가 모여서 인체를 구성하는 모든 거대분자를 구성하고, 그 분자들이 모여서 유기적으로 생명활동을 할 수 있다는 것이? 그리고 거기에 미량의 원소, 황(S)

이나 인(P), 요오드(I)가 결합되어 뭔가 다른 새롭고 다양한 것을 만든다는 것이?

저 원소들을 조합해서 이름을 하나 만들 수 있지. 'CHOPINS!'라는 이름. 이 이름의 알파벳 순서가 구성원소의 비율 순서를 의미하지는 않고, 위대한 음악가인 쇼팽의 영어 이름은 S가 없는 CHOPIN이기는 해. 하지만 사람들은 과학적 사실이 예술적 요소와 결합될 때 흥분하는 경향이 있거든. 그래서 "생명체는 쇼팽(CHOPINS)을 좋아한다"고 말하면 과학이 예술과 친근해진 느낌이 들어서 좋다고 하더라고.

이 원소의 기원은 아마 원시대기에서부터 왔을 거야. 태초 지구상에 대기가 생겼을 때 이를 구성했던 분자들을 보면 메탄가스

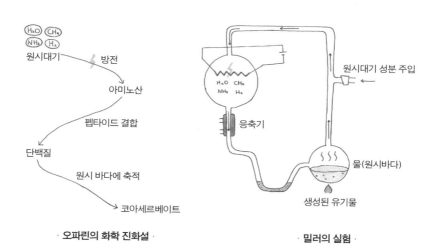

· 오파린의 화학 진화설 ·   · 밀러의 실험 ·

(CH_4), 암모니아(NH_3), 수소(H_2), 수증기(H_2O)가 주된 구성성분이었는데 이 분자들이 모여 있는 공간에 강력한 전기 충격과 같은 엄청난 에너지를 가하면 분자들이 모여 아미노산이 만들어지고, 아미노산이 결합한 단백질이 만들어져서 태초의 생명체인 코아세르베이트를 만들 수 있다는 거지. 이게 화학진화설이야. 가장 처음 이런 가설을 내세운 사람은 지금은 없는 나라인 소련의 과학자 알렉산드르 오파린(Алекса́ндр Ива́нович Опарин)이였지. 오파린의 원래 이름을 붙여놨는데, 러시아어라서 러시아어를 전공한 사람이 아니면 못 읽지 않을까?

근데 많은 사람들의 궁금증은 그림과 같은 오파린의 가설이 정말 가능하냐는 거지. 궁금하면 누군가가 궁금증을 해결하기 위한 방법을 찾지 않겠어? 그 방법을 찾은 사람이 밀러(Stanley Lloyd Miller)야. 1953년 대학원생이었던 밀러는 이런저런 궁리 끝에 원시 지구환경을 재현할 수 있는 장치를 고안해 실제로 원시대기의 성분들로부터 아미노산이 만들어지는 것을 증명했지. 아미노산의 기본 구조를 기억하는가? 탄소를 중심으로 암모니아기(NH_3^+), 카르복실기(COO^-), 수소(H)가 연결되어 있는 구조가 원시대기에 있던 분자와 원소로 구성되어 있는 것을 알 수 있지?

사춘기 딸래미 잘 키우기 대책

엄마의 밥상에는 원시대기의 구성성분과 그 이후에 진화의 과정에서 생명체에 필요하게 된 구성성분이 모두 들어 있지. 그게 엄마 밥상 '골고루'의 원칙이지. 네가 좋아하는 햄에도, 돈가스에도 원시대기의 구성성분이 다 들어 있다고? 그리고 탄수화물은 동물 세포를 구성하는 데 많이 필요하지도 않은데 왜 밥은 이렇게 많이 주냐고? 가끔 생각한다. 너에게 너무 같은 것을 가르쳤다고. 사실 가장 뿌듯한 건, 내용적인 면이 아니라 듣고 반문하는 과정이지. 그래도 그런 정도의 반문과 설전은 언제든지 받아줄 준비가 되어 있다는 것을 잊지 마.

어찌되었든, '골고루'의 원칙에 몇 가지 전제조건이 있어. 뭘 먹든지 우리 몸에서는 그걸 분해해서 몸에 필요한 구성성분을 만들 수 있는 능력이 있어. 그게 생명체가 가지는 질서를 만드는 한 과정이지. 그런데 우리 몸에서는 무엇을 먹어도 만들지 못하는 물질도 있어. 예를 들면 라이신(Lysine), 메치오신(Methionine), 발린(Valine), 이소류이신(Isoleucine) 등의 필수아미노산 같은 거 말이야. 인체가 필요로 하는 20가지 아미노산 중에 우리가 만들지 못하는 필수아미노산은 8종류나 되지. 그런 것은 무조건 먹어줘야 해.

엄마 밥상의 '골고루'에는 몸에 필요한 원소들이 다 포함되도록, 그리고 몸에서 만들지 못하는 물질들이 다 포함되어야 한다는 원칙들이 들어 있는 거지. 특히 성장기니까 세포분열에 필요한 아미노산, 지질, 칼슘과 같은 무기염류 등이 충분히 공급될 수 있는 밥상을 차리지. 아미노산은 단백질을 구성하는 분자니까 육류에 많이 들어 있을 거라 생각하지만 꼭 그런 건 아니거든.

예를 들면 필수아미노산의 한 종류인 라이신은 시금치나 콩에 많이 들어 있고, 메치오신은 곡류에 많이 들어 있고, 발린은 콩이나 견과류에 많이 들어 있고, 이소류이신은 달걀에 많이 들어 있거든. 물론 엄마도 어느 음식에 어느 것이 많이 들어 있다는 것을 다 기억하지는 못해. 그러니까, 종류를 다양하게 하는 거지. 그래야 엄마가 기억하지 못해도 딸이 충분한 영향을 섭취할 수 있는 거지.

혹시 〈쥬라기 공원〉이라는 영화를 아니? 1993년 스티븐 스필버그(Steven Spielberg)라는 거장이 만든 영화인데, 중생대 쥬라기 시대에 살았던 공룡 재현을 주제로 하고 있지. 그 영화에 나오는 공룡들이 꼭 쥬라기에 살았던 공룡들은 아니라는 논란이 있기는 하지만, 여러 속편이 만들어지기도 했어. 1편과 2편은 스티븐 스필버그가 감독을 했고, 3편은 다른 감독이 했어. 그만큼 사람들에게 인기가 있었다는 얘기 아니겠어?

1편에서 호박—여기서 호박은 먹는 호박이 아니라, 보석 호박이야—에 갇힌 공룡 피를 빨아 먹은 모기로부터 공룡 DNA를 복제해서 사멸한 공룡을 부활시키지. 그 부활된 공룡을 가지고 관광공원을 만들려고 하는 게 영화의 발단이 되는 '인젠(InGen)'이라는 회사의 목표야. 그런데 이 공룡들은 아미노산의 한 종류인 라이신을 만드는 유전자가 없어서 이걸 만드는 효소를 반드시 먹이로 먹어야 한다는 거야.

영화에 아주 짧게 등장하는 얘기인데, 공룡이 섬을 탈출했을 때 죽이기 위한 방법이라는 거지. 이 가정이 영화에서는 '라이신 대책'이라는 이름으로 등장하지. 그러니까 이들 생각은 라이신 효소를 공급하지 않으면 공룡이 죽는다는 건데. 이 대책이 얼마나 허접한 대책인지. 생각해봐. 라이신을 만드는 효소가 없으면 그냥 라이신을 먹어버리면 그만인 거잖아.

감독도 이 대책의 허접함을 알았는지 1편에서 딱 한 번의 대사로 언급하고 말아. 2편은 부활된 공룡들이 고립된 자연생태계에서 스스로 살아가는 것을 배경으로 만들어졌는데, 1편에 등장했던 공룡학자가 라이신을 만들지 못하는 그들이 스스로 살아갈 수 있는 이유가 초식공룡이 콩을 엄청 먹어서 라이신을 공급받고, 육식동물은 라이신을 엄청 먹은 초식동물을 잡아먹어서 인간이 만든 대사 이상을 극복한다는 것을 발견하고는 흥분해서 애기하는 장면이 나오지. 그 거대한 공룡을 만들면서 그들이 서식지를 벗어났을 때 스스로 생존하지 못하게 하는 대책이 고작 라이신이라니. 이 얼마나 허접한 대책이냐고. 그러니까 공룡 때문에 사건이 연이어 터지고, 영화는 계속 만들어졌겠지.

그래, 엄마의 밥상은 '사춘기 딸래미 잘 키우기 대책'이라는 이름을 붙일 수 있겠지. 엄마의 대책도 허접하냐고? 절대 아니지. 엄마의 대책은 너의 인체에 필요한 것들을 빠뜨리지 않고 잘 공급하려는 거지. 그러려면 맛이 있어야 하는 거 아니냐고? 네가 동물도 아니고 주는 대로 먹을 수는 없다고? 물론 맛도 필수겠지. 근데 맛은 결국은 문화야. 우리나라 청국장을 유럽 사람들이 맛있다고 하나? 맛이란 것은 결국 문화에 의해 길들여지는 거잖아.

이 엄마는 '사춘기 딸래미 잘 키우기 대책'을 통해 너를 우리나라 문화에 길들이기를 곁들여 하는 것인지도. 사실 지금까지 '골고루'라는 원칙에서 영양소적인 측면만을 얘기했는데, 칼로리에 관해서는 얘기를 안 했지. 엄밀하게 말하면 '골고루'의 원칙에는 칼로리에 대한 얘기가 포함되어 있어. "내가 소야? 풀밭이게?" 이렇게 물었잖아. 칼로리를 낮추려고 그런 거지. 네가 지나치게 칼로리가 높은 인스턴트 음식을 먹어 지방이 늘어나면서 엄마에게 한 말이 뭐니? "나 오늘부터 다이어트할 거야"였잖아.

너는 한참 성장기라서 필요한 영양소를 고르게 섭취해야 하는데, 먹는 음식의 양을 줄이면 영양소 공급이 충분히 안 되는 거잖아. 그러니까 영양소가 골고루 들어 있되, 칼로리가 지나치게 높지 않은 식단을 짜서 먹어야 하는 거 아니겠어? 너도 알다시피 지질도 절대적으로 몸에 필요한 물질이지. 하지만, 지방은 다른 음식물에 비해 칼로리가 엄청 높아. 그리고 우리 몸에서 만들 수 있는 지질의 종류도 있고, 음식물로 섭취해야 하는 종류도 있어. 그래서 특정 음식을 먹지 말라는 것이 아니라, 가급적이면 돈가스와 같이 튀긴 음식과 같은 칼로리가 높은 음식을 줄이라는 거지.

그래서 소가 먹는 풀밭 위의 식단에 단백질을 공급할 수 있는 음식을 추가하면, 오래오래 씹으면서 쉽게 포만감을 느낄 수 있고, 우리 몸에서 만들어지지 않으나 야채에 많이 들어 있는 비타민과 같은 영양소들을 골고루 섭취할 수 있게 되는 거지. 그러니까 다이어트 한다는 얘기는 하지 마. 넌 아직 커야 한단다. 아직은 네가 생각하는 너만의 비만이 치료를 받아야 될 단계는 아니거든. 그래도 그나마 다행인 건, 네가 바쁜 시간에 쫓겨 밖에서 햄버거나 샌드위치를 사 먹는 일이 적다는 거야. 모르지. 엄마 밥상에 투정을 부리는 이유가 밖에서 먹고 들어와서 배가 안 고파서 그런지도.

물론 요즘은 소아비만이 문제가 되기도 해. 당뇨나 고혈압 등의 질환을 성인병이라고 부르잖아. 성인이 걸리는 병. 근데 요즘은 아이들에게서 성인병이 나타나잖아. 지나치게 높은 칼로리를 가진 식단의 결과지. 아마 의사들도 소아비만환자에게 엄마의 '딸래미 잘 키우기 대책'에 해당하는 식단과 운동을 권할 걸? 그리고 암에 좋은 탄 햄보다는 비타민 A가 많이 들어 있는 당근 품은 달걀말이를 먹는 게 어떨까? 새로 사온 다이어트용 시리얼은 엄마나 먹어야겠다.

너의 의지와는 상관없는
네 몸의 움직임

네가 엄마의 원시대기 성분과 진화하면서 필요해진 모든 성분이 포함된 '사춘기 딸래미 잘 키우기 대책'에 대해서 이렇게 말했지? "내가 좋아하는 햄에도, 돈가스에도 원시대기의 구성성분이 다 들어 있다고. 그리고 탄수화물은 동물세포를 구성하는 데 많이 필요하지도 않은데 왜 밥은 이렇게 많이 주는 거야? 내가 소야, 왜 다 풀이야?" 뭐 주로 이런 반응이었던 것 같군. 그런데 말이지. 넌 지금 밥을 먹으면서 너의 의지를 표현하고 있잖아. 그런데 놀랍게도 먹고 난 다음의 네 몸의 반응은 너의 의지와는 무관하게 움직인다는 거지. 너 엄마가 밥 많이 줬다고 타박했냐? 그래도 질문의 내용이 배움의 자세를 통해 나오는 것이니만큼 불량한 엄마의 꼬리를 감추고 우아한 엄마로 돌아가 답하려 한다.

밥을 먹었어, 고기를 먹었어, 야채를 먹었어, 네가 좋아하는 햄을 먹었어. 그 다음은 어찌될까? 밥은 탄수화물이니까 당으로 분해되고, 고기는 단백질이니까 아미노산으로 분해되고, 야채는 뭘로 분해되나? 뭐 이런 정도의 답이 아닐까? 너의 밥 먹는 절차를 보자고. 일단 성질 또는 밥상에 대한 품평을 하고 그 다음에 밥을 입에 넣고 씹는다.

여기까지는 너의 의지에 의한 절차지. 근데 그 다음은? 너의 의지와 아무 상관이 없어져. 너의 살기등등한 기선제압용과는 무관하게 일단 먹을 걸 보면 군침이 돌잖아. 머리가 인지한 거지. '먹을 걸 주는구나. 그럼 분해할 준비를 해야지' 하면서 침샘에게 자극을 보내. 그러면 네가 입에 넣고 너의 의지로 씹지. 여기까지가 네 의지의 끝이야. 씹으면 자꾸 밥알이 작아지면서 목구멍으로 넘어가 식도로, 위로 내려가지. 그래서 엄마는 너의 험악한 '기선제압'에도 불구하고 씹은 음식물이 네 목구멍으로 넘어가는 걸 보면서 혼자 피식거리고 웃지. 성질내봐야 먹는 걸, 기선제압하기 위해 노력해봐야 소화기관으로 넘어가는 걸.

탄수화물이 주된 성분인 밥을 입에 넣는 순간 너의 의지로 씹지만, 너의 의지와 관계없는 침이 분비되고, 침 안에 들어 있는 아밀레이스(amylase)라는 도구가 밥알을 일부 분해하겠지. 그리고는 산도가 높은 위에서 물리·화학적으로 더 분해된 후 소장으로 내려가. 이때 이자에서 만들어진 아밀레이스가 분비되면서 최종 포도당으로 분해가 되는 거야. 단백질은 어떠냐고? 일단 고기를 씹어. 물리적 작용이지. 이게 위액에 포함되어 있는 펩신(pepsin)에 의해서 일부 분해되고, 이자에서 분비되는 트립신(trypsin)과 장액에 포함되어 있는 단백질 소화효소의 한 종류인 아미노펩티데이즈(aminopeptidase)에 의해 단백질의 가장 기본단위인 아미노산으로 분해되지.

아미노펩티데이즈라는 이름을 소화하듯이 분해해봐. 아미노(amino), 펩티(pepti), 데이즈(dase). 아미노산의 펩타이드 결합을 분해하는 효소라는 뜻이겠지. 지방도 유사한 과정을 거치는데 얘는 이자액에 포함되어 있는 지방분해 효소인 라이페이스(lipase)에 의해 지방산과 글리세롤로 분해가 돼. 이 전체 과정을 가만히 들여

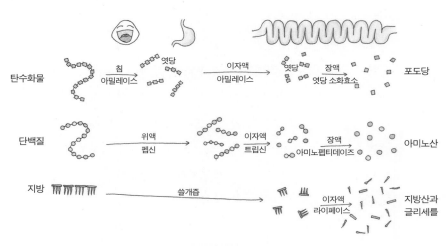

· **주요 영양소별 소화 모식도** ·

다보자고. 이 과정에는 물리적인 운동과 화학적인 반응이 섞여 있어. 입에서의 씹는 작용과 아밀레이스에 의한 작용, 위에서 일어나는 물리적 운동과 높은 산도 및 펩신에 의한 화학적 과정 그리고 소장에서 효소에 의한 화학적 반응과 소장의 움직임에 의한 물리적 작용이 일어나지.

그리고 아주 중요한 액체를 하나 찾았어? 이자액이지. 이자액에는 탄수화물, 단백질, 지방을 분해하는 데 필요한 모든 효소가 포함되어 있지. 그럼 이자에 있는 세포들은 주로 무슨 일을 하겠어? 바로 아밀레이스, 트립신, 라이페이스와 같은 단백질 도구를 많이 만드는 일을 하겠지. 아~ 그림에서 보이는 쓸개즙 얘기가 빠졌지? 쓸개즙에는 소화효소가 있지는 않아. 위액이 워낙 산도가 높으니까 음식물이 소장으로 올 때 산성이잖아. 그런데 우리 몸의 효소는 중성에서 반응이 잘 일어나거든. 그러니까 산성을 중화시켜줄 뭔가가 필요한 거지. 그게 알칼리 성질을 띤 쓸개즙의 역할이야.

물론 그림에서 보는 것처럼 예외가 하나 있기는 하지. 펩신. 펩신은 위와 같은 강한 산성 조건에서 반응이 잘 일어. 그런데 지방은 물에 잘 안 녹고 분해도 흡수도 쉽지가 않아. 이런 문제도 쓸개즙이 해결해줘. 뭉쳐 있는 지방을 펴서 효소가 쉽게 분해할 수 있게 해주고, 분해된 지방산이 쉽게 흡수될 수 있도록 도와주는 역할도 해.

지금까지 네가 먹은 거대분자를 잘게 부수는 기작이 소화의 끝일까? 아니니까 물어봤겠지? 분해된 영양소들은 대부분 소장에서 흡수돼. 물론 소장에서 흡수되지 않는 수분과 비타민은 일부 대장에서 흡수되지. 네가 좋아하는 쫄깃쫄깃한 곱창과 대창, 이게 소장과 대장이지. 소장의 길이가 얼마나 되느냐? 보통 성인은 7m가 넘는다고 해. 반면 대장은 좀 소장보다 짧지만 굵지.

 이 소장이 도대체 어떻게 생겼을까? 이미 알고 있을 거라 생각해. 곱창을 먹어봤을 테니까. 곱창의 안쪽은 빨래판처럼 주름이 있고 이 빨래판에 융털이 숭숭 나 있지. 물론 융털을 보지는 못했겠지. 눈으로 잘 보이는 구조가 아니고 곱창을 뒤집어서 먹지는 않으니까. 이 융털 안에 있는 암죽관이라는 구조가 있는데, 암죽관이 바로 혈액이 순환되는 모세혈관과 연결되어 있어. 이 얘기는 소장의 암죽관을 통해 흡수된 영양분이 혈액을 통해 운반된다는 거 아니겠어? 엄마가 이런 얘기를 하면 너는 학교에서 배운 사실을 떠올리겠지. 물에 잘 안 녹는 영양소는 암죽관으로 흡수되고 잘 녹는

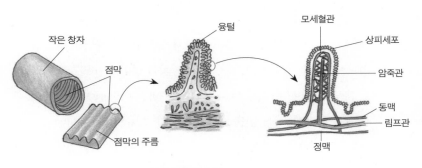

· 소장의 융털의 상세 구조 ·

영양소는 모세혈관으로 흡수되어 나중에 전체가 모세혈관을 타고 운반된다고.

그런데 재미있는 건 각각의 기관에서의 시간이야. 입에서 씹는 시간은 네가 조절할 수가 있지. 대충 씹으면 5초, 오래오래 씹으면 100초? 물론 너는 10초를 못 넘기지만, 일단 식도를 통해 넘어가서 위까지 가는데 7초, 위에서 3~4시간, 소장에서 8시간, 대장에서 10시간 정도 걸린다고 해. 가만히 생각해보면, 소장에서 8시간을 보내면서 열심히 분해한 영양소를 암죽관과 모세혈관을 통해 쪽쪽 빨아들여 혈액으로 운반하고, 대장에서 수분과 그 외에 필요한 비타민 등을 쪽쪽 빨아들이는 거지. 소장과 대장은 쪽쪽 빨아들이기만 하는 거냐고? 아니 운동을 하면서 분해가 안 되는 애들을 계속 항문 쪽으로 밀어내는 거지.

이 모든 과정은 너의 의지와 상관없는 네 몸의 움직임들이야. 네가 머릿속으로 '나는 소화하지 말아야지' 하고 생각하면 소화가 안 되나? 물론 심리적으로 영향을 받을 수 있겠지. 그렇다고 전혀 안 되는 건 아니지. 네 몸에 너의 의지와 상관없는 움직임이 이것만은 아니야. 네가 '지금부터 나는 심장을 잠시 멈춰야지'라고 결심하면 심장이 멈추나? 반대로 뇌사에 빠진 환자는 아무런 의식이 없음에도 불구하고 심장이 뛰잖아. 다만, 뇌사에 빠진 상태가 아닌 정상적인 상황에서는 '오늘은 피곤해서 소화가 잘 안 되는 것 같아. 운동을 좀 해야지' 하면서 소화를 도와줄 수는 있겠지.

이쯤 되면 한번은 물어야 되는 거 아닌가? 엄마의 '사춘기 딸래미 잘 키우기 대책'의 '골고루'에 대해서? 골고루 음식을 먹어봐야 다 단량체로 분해되는데 굳이 그렇게 먹어야 되나? 엄마가 말하는 야채는 어디에서도 분해된다는 얘기가 없는데? 엄마가 말하는 당근 품은 달걀말이에서 당근에 들어 있는 영양소는 얘기도 안 했는데? 뭐 그렇게 말할 수 있지.

모든 것을 다 얘기할 수는 없겠지만, 일단은 한 가지만 얘기하고 넘어가자. 당근 품은 달걀말이. 이 위대한 음식에 대해서. 당근의 황색은 카로틴이라는 물질 때문인데, 카로틴은 비타민 A가 되지. 근데 카로틴은 기름에 잘 녹기 때문에 볶아서 먹어야 흡수가 잘돼. 달걀말이 만들 때 기름을 사용하니까 일단 몸에 흡수가 잘되게 만든 거지. 체내에 흡수된 카로틴이 뭘 하느냐? 비타민 A가 돼. 비타민 A는 시력을 위해서도 필요하고, 피부와 점막을 형성하고 기능을 유지하는 데 필요하고, 기타 등등. 이렇게 얘기하면 좋아도 좋을 줄 모르니까 비타민 A가 없으면 어떻게 되는지 보자구. 들어는 봤나 야맹증? 밤에 잘 안 보이기도 하고, 점막을 형성하는 세포가 파괴되어 안구건조증이 되기도 하고 심하면 실명해.

그것만 있는 줄 알아? 너의 윤기 좌르르 흐르는 피부도 망가져서 푸석푸석해져. 그리고 당근 품은 달걀말이에서 달걀. 달걀 그 자체는 단백질과 여러 가지 비타민이 포함된 완전식품이잖아. 물론 사람들이 달걀의 높은 콜레스테롤 함량을 문제 삼고 있지만, 음식으로 섭취한 높은 콜레스테롤이 고지혈증이나 고혈압과 크게 상관없다는 수많은 연구결과가 있지. 조만간 음식으로 섭취한 콜레스테롤은 유해하지 않다고 발표할 날도 멀지 않았을 거라는 생각이 드네. 그런데 이렇게 훌륭한 음식에 대해서 타박을 하다 니…….

좀 다른 얘기이긴 한데, 비타민은 비록 소량이 필요하지만 몸에서 만들지 못하기 때문에 음식으로 섭취해야 돼. 그리고 없어서는 안 될 매우 중요한 물질로 여러 종류가 있어. 그래서 비타민을 다른 곳에서도 많이 은유적으로 표현하잖아. '당신은 내 인생의 비타민', '행복의 비타민' 이런 표현들. 맞아. 비타민은 그만큼 중요한 건데, 단백질이 효소로 작용할 때 비타민이 없으면 반응이 잘 안 일어나는 경우가 엄청 많아. 꼭 비타민이 있어야만 반응이 일어나는 거지. 도구는 있으나 도구를 잘 움직이게 하는 윤활유와 같은 역할을 하는 게 비타민이야. 비타민은 이미 대장에서 흡수된다고 얘기했지? 그리고 '사춘기 딸래미 잘 키우기 대책'은 계속될 거니까 걱정하지 말고 들어보렴.

일찍 자라

이 엄마가 너무 바빠서 어쩔 수 없이(?) 불량해졌음에도 불구하고 '사춘기 딸래미 잘 키우기 대책'을 수립해서 열심히 노력하고 있는데, 네가 도와주지 않으면 그 대책이 반쪽짜리가 될 수 있어. 그것을 완전하게 만들기 위한 잔소리를 들을 준비가 되었는가?

다시 돌고~ 돌고~

이화작용이라는 용어를 들어본 적이 있지? 이화작용은 음식물을 잘게 분해해서 포도당과 같은 단량체로 만드는 소화와 단량체를 더 잘게 분해하는 과정을 모두 포함하는 용어야. 지금까지 얘기한 소화를 보면 음식물을 분해해서 단량체로 만드는 건데, 이화작용은 단량체를 더 잘게 분해하는 과정을 포함한다고 하니 다른 과정이 있는 거지. 이 다른 과정을 세포호흡이라고 하는데, 완전한 이화작용, 이화작용의 끝이라고 말할 수 있어.

세포호흡은 세포가 숨을 쉬는 거니까 온몸의 세포에서 일어나겠지. 그럼 장에서 흡수된 영양소가 온몸의 세포까지 가야 하는 거잖아. 근데 장에서 흡수된 영양소가 머리에 있는 뇌세포, 간세포 등 모든 세포까지 그냥 갈 수 있나? 장에서 세포까지 배달해주는 연결고리가 필요해. 소화와 세포호흡을 연결하는 과정, 세포에서 완전한 이화작용이 일어날 수 있도록 세포까지 영양소를 배달하는 중간 연결고리. 그게 순환이지. 뭘 순환하느냐? 세포에 필요한 모든 물질을 순환시켜. 소장과 대장에서 흡수된 영양분을 순환시키고, 그 영양분을 완전하게 분해하기 위해 필요한 산소를 순환시키고, 완전히 분해가 끝나면 생기는 노폐물을 버리기 위해 순환시키지.

소화효소를 만드는 이자에 있는 세포, 독성을 해독하는 간세포, 공부를 할 때 필요한 뇌세포, 그 모든 세포에서 세포호흡에 의한 완전한 이화작용이 일어나지. 분해하는 걸 이화작용, 분해한 것을 이용해서 새로운 질서를 만드는 것을 동화작용이라 하고, 전체의 과정을 대사작용 또는 물질대사라고 해. 완전한 이화작용을 의미하는 세포호흡에 관한 얘기는 좀 나중에 얘기하고 다시 순환으로 돌아가자.

너는 이미 순환의 시작점을 알고 있어. "엄마 나 오늘은 심장을 잠시 멈출래?"라고 말하면 심장이 멈춰지나? 그 시작점. 네 의지대로 안 되는 움직임. 심장의 움직임인 거지. 심장이 순환시키는 게 피잖아. 엄마식 재미없는 용어로 바꾸면 혈액. 혈액은 정맥과 동맥을 통해서 서로 다른 방향의 순환을 해. 자, 이제 혈액의 순환 과정을 보자.

장에서 흡수된 영양소와 60조가 넘는 세포에서 나온 이산화탄소는 모세혈관을 타고 모이고 모여 대정맥을 따라 우심방으로 들어와. 이때 우심방의 판막이 아래로 열리면서 우심실로 가고, 우심실의 피는 폐동맥을 따라 폐로 들어가. 폐로 가서 세포로부터 배달된 이산화탄소와 물을 버리고, 산소를 잔뜩 싣고는 폐정맥을 통해

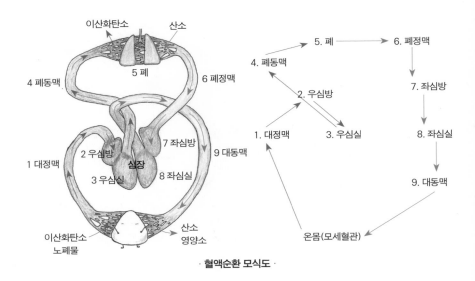

· 혈액순환 모식도 ·

좌심방을 거쳐 좌심실로 들어가지. 그래서 좌심실에 있는 혈액은 영양소와 산소가 잔뜩 포함된 싱싱한 선홍색의 혈액인 거지.

이제 좌심실이 펌프질을 해서 온몸의 모세혈관을 타고 세포에 필요한 영양소와 산소를 전달해. 순서를 표시해 볼까? 온몸(모세혈관)→대정맥→우심방→우심실→폐동맥→폐→폐정맥→좌심방→좌심실→대동맥→온몸(모세혈관)이 되겠지. 산소는 어디서 와? 들숨을 들이쉬면 공기 중에 18% 포함되어 있는 산소가 폐세포로 전달되지. 즉 폐호흡을 통해서 이산화탄소 버리기와 산소 싣기의 교환이 일어나는 거지. 뭐 이산화탄소만 방출되나? 물도 방출되지. 겨울에 밖에 나가면 입김이 보이잖아. 그게 세포호흡에서 생긴 물이 밖으로 배출되는 거지. 저 순환의 과정이 한 번에 끝나? 절대 아니지. 계속 돌고, 또 도는 거지. 그래야 쉬지 않고 세포에 산소와 영양소를 공급하고, 거기서 나온 노폐물을 계속 버릴 수 있는 거지.

바보 같은 헤모글로빈과 바보 같은 심장

심장과 폐의 합작에 의해 순환되는 혈액에는 수많은 물질이 포함되어 있어. 혈액을 뽑아서 원심분리기를 이용하면 붉은 부분과 맑은 액체의 2개 층으로 분리가 돼. 아래층이 붉은색을 띠는데, 이 부분에 적혈구, 백혈구, 혈소판이 주로 있고, 약간 노란색을 띠는 부분을 혈장이라고 하는데 여기에 수많은 물질들이 녹아 있어. 온몸을 돌고 온 피라면 혈장에 뭐가 많을까? 이산화탄소를 비롯한

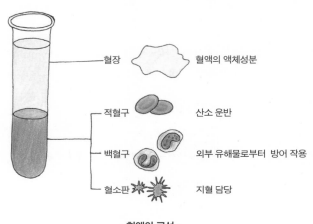

· **혈액의 구성** ·

노폐물, 장에서 흡수된 영양소가 많이 들어 있겠지. 반대로 폐정맥에서 나온 혈액의 혈장에는 상대적으로 산소 농도가 높겠지.

혈액을 구성하는 물질들 중에 앞으로 얘기할 녀석들이 있기는 한데, 여기서는 이산화탄소와 산소를 운반하는 데 아주 중요한 역할을 하는 적혈구만 얘기해보자. 적혈구의 가장 큰 특징은 핵이 없는 세포라는 거지. 핵이 없으니 유전정보도 없고, 유전정보가 없으니 복제가 안 되는 세포지. 일반적으로 약 120일 정도 기능을 하다가 소멸되니까, 골수에 있는 조혈모세포가 계속해서 혈액을 만드는 거 아니겠어?

그런데 적혈구를 구성하는 물질의 90%가 헤모글로빈(hemo-globin)이라는 단백질이야. 헤모글로빈은 구조가 매우 복잡한데, 중요한 건 철(Fe)을 포함하고 있다는 거지. 헤모글로빈에 산소와 이산화탄소가 결합하여 운반되려면 헤모글로빈 어딘가에 붙어서 운반되어야 하잖아. 여기서 철의 역할이 아주 중요하지. 바로 복잡한 헤모글로빈 구조 중 산소와 이산화탄소가 직접 결합하는 자리가 바로 철이야.

지금은 그런 일이 별로 없는데, 엄마 어렸을 때만 해도 연탄가스 중독사고가 빈번하게 일어났어. 예전에는 난방을 위해 연탄을 주로 사용했거든. 연탄이 완전 연소하면 이산화탄소가 생기고, 불완전 연소하면 일산화탄소(CO)가 생기는데 이게 방안으로 침투하면 자던 사람들이 중독되어버리지. 일산화탄소 중독의 이유는 바로 헤모글로빈이 산소보다 일산화탄소를 더 좋아하기 때문이야. 그 좋아하는 정도—친화도—가 산소에 비해 무지하게 커. 그러다 보니 방안 공기 중에 산소가 18%나 있어도 아주 극소량의 일산화탄소가 있으면 그것과 결합을 해. 그 얘기의 결과는 세포에 산소를 공급하는 게 아니라 일산화탄소를 공급한다는 거잖아. 몸에 산소가 없다. 그건 죽음을 의미하지.

예를 들어 뇌에 산소 공급이 안 되면 뇌세포가 파괴되어 심한 경우 정상적인 생활이 불가능하거나, 뇌사에 빠지거나, 죽기도 하지. 아니 어떻게 우리 몸에 산소보다 일산화탄소를 더 좋아하는 바보 같은 도구가 남아 있을 수 있냐고? 그거야 지금까지 대기 중에 일산화탄소가 많지 않았으니까, 진화과정에서 일산화탄소를 좋아하지 않는 헤모글로빈이 생겼어도 굳이 선택할 필요가 없었겠지. 우리가 연탄을 사용하기 전에는 그런 일이 일어날 확률도 없었고. 어떻게 보면 헤모글로빈이 꼭 바보 같은 건 아니라는 거지. 단지

제3장 빤한 잔소리, 잘 먹고, 잘 자고, 잘 싸고

환경적으로 일산화탄소를 싫어하는 유전자가 선택될 기회가 없었을 뿐이야.

헤모글로빈보다 산소에 대한 친화력이 훨씬 큰 미오글로빈(myoglobin)이라는 것도 있어. 미오글로빈은 혈액에 있는 게 아니라 근육세포 사이사이를 연결하는 조직에 있어. 네가 좋아하는 두꺼운 미디움(medium)의 스테이크를 썰면 흘러나오는 선홍색의 피. 그건 헤모글로빈의 붉은색이 아니라 근육에 있는 미오글로빈의 붉은색이야.

근육은 순간적으로 움직이는 일이 많지. 이는 즉각적인 산소공급을 통한 에너지 생산이 필요하다는 거잖아. 그러다 보니 심장에서 산소가 전달될 때까지 기다리지 못할 수도 있거든. 근육의 산소

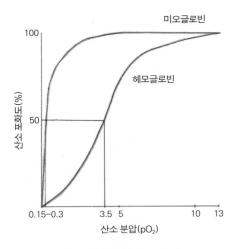

· 미오글로빈과 헤모글로빈의 산소친화도 ·

부족을 최소화하기 위해 헤모글로빈이 전달한 산소를 근육의 미오글로빈에 일부 저장했다가 필요하면 꺼내 쓰지. 물론 근육은 그마저도 부족하면 산소가 없는 상태에서 젖산을 만드는 방법을 쓰기도 해. 근데 근육은 산소와 이산화탄소가 교환되는 폐보다 산소 농도가 훨씬 낮겠지? 그러니까 낮은 산소 농도에서도 쉽게 산소랑 결합할 수 있는 미오글로빈이 선택될 수 있었던 거지.

헤모글로빈이 정상적으로 산소를 운반하지 못하면 생기는 질병이 빈혈이지. 대표적인 예로 겸상적혈구증이 있어. 보통은 다 둥근 모양의 적혈구를 가지고 있는데, 얘는 낫 모양을 띤다고 해서 붙인 이름이야. 낫 모양의 적혈구가 나타나는 원인을 찾아봤더니 정상 헤모글로빈 유전자에 비해 하나의 아미노산만 바뀌었는데 그런 모양이 나오더라는 거지. 그런데 문제는 단지 모양이 바뀌었을 뿐인데 산소 운반 능력이 현저히 떨어진다는 거야. 이 능력이 약해지니까 만성 빈혈로 고생하는 거고. 이 질병은 말라리아가 성행하는 지역에서 나타나는데, 어떤 지역에서는 인구의 약 40%정도가 낫 모양의 적혈구를 만드는 헤모글로빈 유전자를 가지고 있더라는 거야.

정상 헤모글로빈보다도 훨씬 낮은 산소친화도를 나타내는 낫 모양 적혈구를 만드는 헤모글로빈 유전자가 계속 남아 있는 게 이상하잖아? 그 이유는 말라리아에 대한 내성이라는 거지. '내성'은 병원체에 감염되어도 질병으로 나타나지 않는 거잖아. 인체에 침투한 말라리아 병원균은 적혈구에 달라붙어 적혈구 모양을 비정상적으로 만드는데, 이렇게 만들어진 비정상 적혈구가 혈관 벽에 달라붙어 혈관을 막아버리거든. 그런데 둥근 모양의 적혈구가 낫 모양으로 바뀌면 말라리아 병원체가 달라붙지 못해서 감염이 되어도 질병이 나타나지 않는 거야. 이는 어떤 결과로 나타나겠어? 둥근 적혈구를 가진 사람은 말라리아로 죽을 확률이 높고, 낫 모양 적혈구를 가진 사람은 살아남을 확률이 높기 때문에 이 지역에 낫 모양 적혈구를 가진 사람의 숫자가 늘어나는 거지.

비록 산소가 잘 전달되지 않아 빈혈에 시달리지만, 말라리아에 대한 내성이 있어 살아남을 수 있기 때문에 낫 모양의 적혈구를 만드는 돌연변이 유전자가 계속 선택되어온 거라 할 수 있지. 자연의 선택은 최상이 아니라 최선인 거야. 현재의 상황에서 최상이 되려면 산소도 잘 운반하고, 친화력도 높고, 말라리아에 대한 내성도 나타내는 그런 헤모글로빈이 선택되어야겠지만, 확률적으로 매우 어려운 일이지. 그러니까 바보 같은 헤모글로빈보다 더 바보 같은 낫 모양의 헤모글로빈이 주어진 환경에서 선택될 수 있었던 거고.

너는 다행히도 유전적으로 헤모글로빈 상태가 정상이어서 빈혈은 없잖아. 꾀병처럼 가끔 어지럽다고 어리광부리지 말거라. 그건 네가 철분을 많이 먹지 않아서야. 헤모글로빈을 만드는 유전자는 정상인데, 헤모글로빈에 들어 있는 철분이 없으면 산소가 어디에 결합해서 운반되겠니? 그러니 철분이 많이 들어 있는 당근 품은 달걀말이, 시금치를 많이 먹어. 당근 품은 달걀말이의 달걀 노른자에 철분이 많거든. 그냥 철분제 먹으면 안 되냐고? 그것도 하나의 방법인데, 네가 철을 씹어 먹는다고 몸속에 흡수되니? 안 되지? 물론 철분제가 철과 같은 형태는 아니야. 하지만 음식에 포함되어 있는 철분과 같은 무기염류는 철 그 자체가 아니라 우리 몸이 잘 흡수할 수 있는 형태로 존재하거든. 그니까 당근 품은 달걀말이를 좀 즐거운 맘으로 먹기를…….

너의 몸을 건강하게 만들기 위해서는 너의 의지와 관계없는 심장이 잘 움직여야 순환이 잘 되겠지. 비록 너와 의지와 관계는 없지만 그렇게 중요한 일을 하는 기관, 아니 엄밀하게 말하면 단 1초도 쉬지 않은 바보 같은 심장을 건강하게 잘 유지는 해야겠지. 무엇이든지 과하게 쓰면 탈이 나는 법이니까. 우리 몸 혈관의 길이는 무려 12만여km나 돼. 네가 4km를 1시간의 속도로 길게 늘어뜨려 놓은 혈관을 따라 걷는다면 쉬지 않고 3만 시간을 걸어야 돼.

그런데 우리 몸은 약 20~45초 만에 모든 조직의 구석구석까지 순환시키는 거지. 놀라운 속도지? 숨이 찰 때까지 달리기라도 해 봐. 얼마나 더 빨리 심장이 펌프질을 해야겠어? 달리고 나면 네 심장이 쿵쿵 뛰는 소리가 들리잖아. 가끔 심하게 오랫동안 달리면 심장이 아프기도 하잖아. 이렇게 열심히 일하는데, 좀 쉬어야지. 혹사 시키면 그만큼 기능이 빨리 줄어들겠지. 심장이 쉬는 때가 있겠어? 당연히 없지. 완전히 쉬면 죽는 거잖아. 다만 속도 조절은 가능하지. 달릴 때 더 빨리 뛰겠지만, 잠을 자면 몸이 필요로 하는 에너지가 적어지고 필요로 하는 산소의 양도 주니까 심장이 천천히 뛰겠지. 심장이 네가 잠잘 때 말고 언제 천천히 움직여보겠어? 그래. '사춘기 딸래미 잘 키우기 대책'을 반쪽자리가 아닌 완벽한 것으로 만들기 위해서, 오로지 너만을 위해 펌프질 하는 바보 같은 심장을 좀 쉬게 해줘. 사실 뭐 심장만이겠어? 다른 기관도 다 마찬가지지. 그래서 아침에 일어나서 잠들기까지 활기차게 생활할 수 있도록 말이야. 그 유일한 방법. 일찍 자야 한다는 거지.

4

너는 수많은 노동력을 착취하는 거대공장이다

"너도 운동을 하니?"라며 빤히 너를 쳐다보는 엄마에게 순진무구한 얼굴로 너는 답한다.

"응. 해. 숨쉬기 운동. 숨을 들이 마시면 허파가 늘어나는 게 보이잖아. 반대로 숨을 내쉬면 허파가 내려가잖아. 오르락내리락하니까 운동이지." 그렇게 말하면서도 조금 쑥스럽지? 그래 숨쉬기 운동 무지 중요하지. 그 운동 안 하면 죽으니까. 그런데 네가 말하는 숨쉬기 운동과 엄마가 말하려는 숨쉬기 운동은 범위가 달라. 너는 단순히 숨을 들이마시고 내뱉는 걸 숨쉬기라고 표현했잖아. 그건 혈액의 순환에서 봤듯이 산소를 모든 세포에 전달하기 위해 일어나는 폐호흡만을 말하는 거지.

아직 우리는 세포호흡을 얘기하지 않았구나. 엄마가 '이화작용의 끝'이란 표현을 한 적이 있는 걸 기억하지? 그 이화작용의 끝에 해당하는 것이 세포호흡이야. 그런데 이화작용이란 분해하는 것이고, 세포호흡이라고 하면 세포가 산소를 사용한다는 건데 두 개가 같은 거라는 게 이상하지 않아? 두 개가 같은 거라면 이런 설명이 가능하지. 분해하면서 산소를 쓴다. 그런데 왜 분해하지? 소화기관을 통해 분해된 영양소를 가지고 도구를 만드는 게 충분하지 않나? 분해과정에서 어떤 일이 벌어지는지 보자고.

원초적 에너지원, 탄수화물

"엄마, 공부하느라 머리를 썼더니 에너지가 딸리나봐. 단 게 먹고 싶어. 초콜릿 없어?"라며 찬장을 뒤져 다크 초콜릿을 꺼내 먹는 너를 보며 갑자기 이런 질문이 떠올랐다. 네가 운동을 한 것도 아닌데 왜 에너지가 딸릴까? 넌 가만히 있고, 말은 엄마가 다 했잖아. 그럼 열심히 입 운동한 엄마만 에너지가 딸려야지 아무것도 안 한 너는 왜? 맞아. 다리를 움직이고, 손을 움직이고, 입을 움직여야만 에너지가 소모되는 게 아니야. 그냥 가만히 있어도 에너지가 소모되지. 네가 가만히 있어도 너의 뇌는 이해하느라 바빴고, 그런 뇌에게 산소를 전달하는 심장은 펌프질하느라 바빴지.

이 모든 과정에 필요한 공통의 단어가 뭘까? '에너지'지. 살아 있다는 그 자체만으로 엄청난 에너지가 소모되는데, 생명체는 그 에너지를 어디서 가져오는 걸까? 네가 먹은 다크 초콜릿 안에 에너지원이 들어있겠지. 그런데 우리 인체는 음식물에 들어 있는 에너지를 그대로 쓸 수가 없기 때문에 그걸 꺼내 생명체가 사용할 수 있는 형태의 에너지로 바꾸는 과정이 필요해. 이 과정이 바로 세포호흡이야. 세포호흡은 세포에서 일어나니까 소화기관에서 흡수된 영양소가 최종목적지인 세포까지 배달되어야겠지.

그 배달은 혈액이 한다고 했어. 혈액이 세포에게 물질을 전달하기 위해 '딩동' 하고 초인종만 누르면 세포가 그걸 다 받아들일까? 아니. 절대 아니지. 세포는 세포막으로 둘러싸여 있잖아. 어떤 물질이 세포 안으로 들어가려면 이 세포막을 통과해야 하는 거고. 그런데 세포막은 이중적 성격을 나타내는 인지질로 워낙 촘촘하게 구성되어 있기 때문에, 영양소 크기의 물질은 세포 안으로 들어갈 수가 없어. 아무거나 쉽게 통과한다면 병원균도 쉽게 들어갈 거고, 나쁜 물질도 쉽게 세포 안으로 들어가 소중한 유전정보를 가지고 일을 해야 하는 세포가 쉽게 파괴될 거잖아. 그래서 우리 몸의 세포는 특정한 물질만 세포 안으로 끌어들이는 특별한 기능을 가지고 있어.

일단 혈액이 초인종을 누르면 확인을 하지. 이게 나에게 필요한 영양분인가? '탄수화물이 분해된 포도당이 왔네'라고 인식하면 촘촘하게 닫힌 세포막의 일부를 열고 포도당을 받아들여. '아미노산이 왔네. 이거 내가 필요한 건데'라고 인식하면 또 세포막을 조금 열고 아미노산을 받아들이지. 그렇게 세포는 혈액을 통해서 몸에 필요한 영양소와 산소를 받아들여. 영영소를 받아들여서 드디어 본격적인 작업을 시작하지. 생명체가 사용할 수 있는 형태의 에너지를 만들고, 도구와 세포 구성물질을 만드는 작업을.

네가 엄마에게 이런 타박을 했던가? "왜 세포의 구성 비율도 낮은 탄수화물이 많이 포함된 밥을 이렇게 많이 줘?"라고. 왜 밥을 많이 주는지 이제부터 얘기해보자. 포도당은 우리 몸이 가장 쉽게 이용할 수 있는 에너지원이야. 우리 세포 안에는 포도당을 이용해서 몸에 필요한 구성요소와 에너지를 만들기 위해 필요한 수많은 효소들이 있어. 이 효소들은 어디서 왔겠니? 그거야 핵 안에 있는 유전정보를 통해 만들었겠지?

그 유전정보는 또 어디서 왔을까? 엄마가 또 세대와 세대를 거듭해 가면서 유전되어온 거라는 얘기를 하려고 한다고? 맞아. 물론 단백질과 지방(3대 에너지원은 탄수화물, 단백질, 지방)을 이용해서도 동일한 과정이 일어날 수 있기는 해. 그런데 과학자들이 연구를 해보니 그 좁은 세포 안에는 포도당으로부터 시작해서 에너지, 도구와 세포 구성물질을 만드는 데 관여하는 수많은 효소가 있더라는 거야. 그렇다는 얘기는 아주 오래전부터 포도당을 주된 에너지원으로 사용해 왔다는 얘기지.

그 시작은 아마도 광합성을 하는 생물에서 찾을 수 있을 거야. 광합성은 공기 중의 이산화탄소, 물과 빛 에너지를 이용해 유기물인 포도당을 만드는 과정이잖아. 지구상에서 광합성을 하는 생물체를 제외한 모든 생명체가 광합성의 산물인 포도당으로부터 출발한 에너지원을 쓰는 거야. 식물이 만들어놓은 탄수화물을 초식동물이 먹고, 초식동물을 육식동물이 먹고, 먹이사슬의 맨 위 단계에 사람이 있잖아. 그래서 가장 기본이 되는 에너지원이 포도당이기 때문에 밥을 많이 먹으라 하는 거지. 물론 밥 말고 단백질과 지방이 많이 든 고기도 당연히 에너지원이 되지. 그런데 성장기에는 근육세포가 자라고 몸에서 필요로 하는 단백질로 구성된 엄청난 도구가 만들어져야 하기 때문에, 가급적 에너지원은 포도당으로, 단백질은 세포의 구성물질 또는 일할 도구를 만들기 위해 사용하게 하는 게 좋아. 또한 뇌세포는 포도당만을 에너지원으로 쓸 수 있거든. 그러니까 너처럼 공부를 열심히 해 뇌가 에너지를 많이 필요로 하는 사람들은 탄수화물을 꼭 먹어야 하는 거지. 네가 억지로 탄수화물을 거부한다고 하도 네 몸이 알아서 포도당을 달라고 하거든. 너 조금 전에 공부 좀 했다고 단 거 찾았잖아. 그게 뇌가 포도당 달라고 시킨 거지.

단백질이 없는 밥으로만 된 식단은 어떠냐고? 물론 밥에 든 탄수화물이 에너지원으로 사용되고, 세포의 도구를 만들기 위한 아미노산으로도 만들어질 수 있어. 그런데 생체가 필요로 하는 아미노산 중에 우리 몸에서 만들지 못하는 필수아미노산이 있잖아. 그런 아미노산들은 아무리 밥을 많이 먹어도 만들 수가 없어. 그러니까 반드시 단백질을 먹어야 되는 거지. 지방은? 밥만 먹어도 지방을 만들 수 있잖아? 그것도 맞는 말이야. 그러나 세포 안에서 포도당으로부터 시작해서 인체에 필요한 지방을 만드는 것보다, 음식물을 통해 섭취된 지방산을 이용하는 것이 훨씬 빠르고 쉽지 않겠어?

그렇다고 광합성을 하는 생명체가 모든 에너지원으로 빛을 사용한다고 생각하지는 않겠지? 얘들도 광합성을 할 때만 빛 에너지를 사용하고 만든 포도당을 분해해서 도구를 만들거나 할 때는 생명체가 공통으로 사용하는 에너지 형태를 사용해.

그런데 엄마의 '많이' 개념과 네가 생각하는 '많이'의 개념이 좀 다르다는 것을 짚고 넘어가자. 엄마가 아침에 반 공기 정도의 밥을 주지. 너는 이걸 많다고 우기는 거고, 엄마는 그냥 적당한 양이라고 생각하는 거지. 네가 많다고 생각하는 건 탄수화물을 많이 먹으면 살이 찔까봐 그런 거잖아. 그건 네가 생각하는 게 맞아. 지나치게 많은 탄수화물을 섭취하면 쓰고 남은 남은 포도당은 지방으로 바뀌어서 조직 여기저기에 쌓이게 되니까.

그런데 밥 반공기의 열량이 얼마나 되는지 아니? 약 150kcal쯤 돼. 하루 기초대사량이라는 게 있어. 이건 아무것도 하지 않고, 숨만 쉬고 있을 때 필요한 에너지량을 말하는데, 기초대사량은 나이와 개인적 특성에 따라 무지 달라. 하지만 대체로 청소년기에 여성은 약 1500kcal, 남성은 약 2100kcal야. 엄마 나이쯤 되면 기초대사량이 1200kcal 돼. 너에 비해 밥 한 공기쯤 줄어드는 거지. 나이가 들수록 기초대사량이 줄어. 그 얘기는 나이가 들수록 세포가 일을 안 한다는 것이지. 청소년기의 몸은 무슨 일을 하겠어? 감수분열을 해서 생식세포도 만들고, 근육세포도 만들고, 키도 커야 되고 네 세포가 잘못 되었으면 고치기도 하고 그런 일들을 부지런히 하느라 에너지 소모량이 큰 거지. 즉 네 나이에는 적당한 탄수화물을 섭취해 충분한 에너지원을 공급하고 단백질이 많이 든 음식을 먹어야 한다는 얘기야.

그럼 지방은? 물론 필요하지. 우리 몸이 필요로 하는 지방이 얼마나 많은데. 하지만 지방은 탄수화물에 비해 2배 정도 칼로리가 높아. 그러니까 너무 많이 섭취하면 어떻게 되겠어? 동일한 양을 먹어도 에너지원이 두 배가 되니 완전히 소모되지 않고 남겠지. 남은 건 네 몸 여기저기 축적될테고. 그러니까 너무 과하지 않게만 먹으면 된다는 거야.

그런데 엄마는 탄수화물이 나쁜 물질로 천덕꾸러기 취급받는 게 너무 안타까워. 인류가 진화해오는 과정에서 풍족하지 않은 식량으로 인해 탄수화물을 마구 흡수하는 유전자가 선택되어온 게 사실일지라도, 탄수화물은 가장 기본적인 에너지원이고 우리 몸에 꼭 필요한 성분이잖아. 탄수화물이 부족하면 두뇌회전도 안 되고, 어지럼증과 구토증상, 저혈당 쇼크에 시달리기도 하고 장기적으로는 근육파괴와 같은 아주 심각한 문제가 생기지.

엄마는 탄수화물이 그렇게 성인병의 주범으로 지목된 것은 우리 잘못 때문이라고 생각하거든. 사람들이 설탕처럼 아주 달콤한 탄수화물을 발견하고, 그 달콤함에 중독된 게 더 큰 원인이라는 거지. 그 달달함에 중독되어서 탄수화물 과다 섭취로 인해 생기는 비만과 같은 질병에 시달리게 된 건데 왜 그 원인을 탄수화물 때문이라고 하는 건지……. 너도 엄마가 주는 밥 이외에 밖에서 이것저것 잘 사 먹잖아. 그 안에 우리를 유혹하는 달콤한 설탕이 얼마나 많은지 알아? 그래 놓고는 집에 와서 탄수화물 타령하면서 밥 많이 준다고 타박하는 거지. 그러니까 너도 그냥 엄마 밥상을 즐기시길…….

미토콘드리아, 그 위대한 공장

포도당을 분해해서 에너지를 만들거나 세포 구성물질을 만드는 그 모든 과정이 $100\mu m$ 세포 안에서 일어나잖아. 그런데 분해하는 데도 에너지가 필요하고, 도구를 만드는데도 에너지가 필요해. 기초대사량뿐만 아니라 우리가 쓰는 모든 에너지가 어디에서 오느냐? 바로 위대한 미토콘드리아지.

이 위대한 미토콘드리아가 자동차로 치면 연소와 같은 작용을 해서 에너지를 만드는 거야. 하지만 생명체는 아무 에너지나 쓸 수 있는 게 아니거든. 자동차가 휘발유를 태워서 나오는 열에너지를 쓴다고 해서 우리 세포가 그런 에너지를 만든다면 어떻게 되겠어? 타 죽지.

생명체는 생명체만이 쓸 수 있는 에너지의 형태가 있는데, 그 특별한 형태의 에너지가 바로 ATP(Adenosine TriPhosphate)야. ATP. 이름이 눈에 익지 않니? GATTACA에 나오는 A야. 아니 정확하게 애기하면 그 A와 비슷한 RNA(Ribonucleic acid)를 만드는 4개의 염기서열 중 A에 해당돼. 핵산의 한 종류를 에너지원으로 쓰는 거지.

미토콘드리아는 어떻게 ATP를 만들 수 있는 걸까? 미토콘드리아는 막이 두 개 있어. 바깥쪽 막은 세포막과 동일해. 하지만 안쪽 막은 달라. 생명체의 세포 소기관 중 이렇게 두 개의 막이 있는 녀석은 미토콘드리아와 엽록체밖에 없어. 이 또한 세포 내부공생의 증거인 거지. 안쪽 막은 원래 호기성 박테리아가 가지고 있던 거고, 바깥쪽 막은 잡아먹힐 때 세포막에 의해 둘러싸인 거고. 어찌되었든 중요한 건 원래 가지고 있던 안쪽 막에 엄청난 에너지를 만드는 전자전달계가 있다는 거지. 전자전달계는 이름 그대로 전자를 전달할 수 있는 일련의 단백질을 말해.

ATP를 만드는 과정의 시작은 세포호흡 과정에서 포도당이 분해되면서 나오는 환원력에서 출발해. 환원력이 뭐지? 자신은 산화되면서 다른 것은 환원시키는 힘이 바로 환원력이지. 다른 걸 환원시키려면 전자(e^-)가 필요하거든. 포도당이 분해되면서 나오는 환원력은 수소(H)가 전자를 하나 더 받은 H^-의 형태야. 이 환원력이 그냥 바로 ATP를 만드는 게 아니라, 더 받은 전자를 전자전달계에 보내. 전자전달계는 받은 전자를 순차적 전달 과정을 통해 ATP를 만들 수 있도록 점점 힘을 키우는 거지. 그리고 마침내 그 커진 힘을 이용해 ATP를 만들어.

근데 이게 끝이면 안 되거든. 전자전달계를 돌고 돌아온 전자를 마지막에 어떻게든 처리해야 해. 전자를 누군가가 받아주지 않으

4. 너는 수많은 노동력을 착취하는 거대공장이다

면? 전자전달계가 멈추는 거지. 마지막에 그 전자를 처리하는 결정적인 역할을 하는 게 바로 산소야. 산소가 포도당에서 나온 환원력 전자를 받아 물을 만들면 비로소 세포호흡이 끝나는 거지.

전체를 단순한 화학식으로 정리해보면 포도당 한 분자를 이화작용을 통해 분해한 결과 6분자의 이산화탄소와 12분자의 물이 생기고 36~38개의 ATP가 생기는 거야. 미토콘드리아가 우리 몸에서 이런 일들을 하는데 포도당(지방, 단백질도 가능하지), 물, 산소가 반드시 필요하지. 우리와 같은 호기성 생물들에게 산소가 없으면 어떤 일이 일어나겠어? 미토콘드리아 막에서 마지막에 생기는 전자를 받아줄 산소가 없는 거지. 그럼 생체에서 필요로 하는 에너

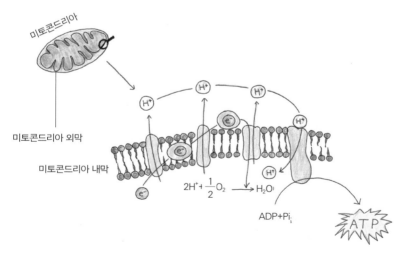

· 전자전달계에서의 ATP 합성 과정 ·

지가 만들어지지 않을 거잖아. 물론 전혀 안 만들어지는 건 아니야. 우리도 일부 무산소 호흡을 하는데, 그건 바로 근육에서야. 짧은 순간 숨을 멈추고 100m 달리기를 하는 동안 산소가 근육까지 전달되지 않아 근육에서 무산소 호흡이 일어나서 젖산이 생기기도 하지만, 우리 몸은 너무나 오랫동안 산소가 있는 것에 익숙해 있어서 산소가 없으면 충분한 에너지가 공급되지 않아 세포가 파괴되겠지.

$$포도당(C_6H_{12}O_6) + 물(6H_2O) + 산소(6O_2)$$
$$\rightarrow 이산화탄소(6CO_2) + 물(12H_2O) + 36\sim38\ ATP$$

근데 혹시 기억하니? 앞에서 배고파 잡아먹은 미토콘드리아가 만들어내는 저 엄청난 에너지 때문에 어떤 일이 일어났는지 얘기하자고 한 거? 지구상에서 하나의 단세포로 시작한 생물이 산소를 이용하기 시작하면서 엄청나게 다양한 생물로 진화할 수 있는 원동력이 되었어. 발효를 들어 봤지? 젖산 발효, 알코올 발효. 포도당이 세포호흡을 통해 분해되는 과정에서 산소를 사용하지 않고 에너지를 만드는 과정이지.

유산균이 하는 젖산 발효의 예를 들어보면, 한 분자의 포도당이 분해돼서 만들어지는 ATP의 총량은 고작 2개밖에 안 돼. 똑같은 포도당을 가지고 미토콘드리아가 산소를 이용한 호흡을 하면 36~38개의 ATP가 만들어지는데, 산소가 없는 발효를 하면 고작

2개만 만들어. 엄청난 에너지의 차이지. 태초 무기호흡을 하던 세포가 산소를 이용해 엄청난 에너지를 만들 수 있는 호기성 미생물을 잡아먹었더니, 얘가 엄청난 에너지를 만든 거잖아. 자신이 경험해 보지 못했던 어마어마한 에너지 양인 거지. 너무 많아서 당황했을 거야. 그렇다고 그냥 당황만 하고 있을 생명체냐? 절대 아니지. 이를 적정하게 잘 쓴 거지. 무엇으로 썼느냐? 이 엄청난 에너지를 이용해서 눈도 만들고, 꼬리도 만들고, 손도 만들고. 아~ 사람은 꼬리가 퇴화돼서 없지?

그래, 이렇게 다양한 생명체를 만들 수 있게 된 가장 큰 원인이 산소에 의한 엄청난 에너지라는 거야. 엄마가 '산소의 대재앙'이라고 말한 적이 있지. 25억년 전에 산소를 만드는 광합성 생물체의 출현으로 대기 중에 산소가 쌓인 결과, 수많은 혐기성 미생물이 죽었다고 말한 '산소의 대재앙'. 산소는 혐기성 미생물에게는 대재앙이었을지 모르나, 엄청난 에너지를 만들어 지구상에 다양한 생명체가 탄생할 수 있게 한 일등공신이지. 그래서 동일한 사건을 두고 하나는 '산소의 대재앙'이라고, 다른 하나는 '산소의 혁명'이라고 불러. 이쯤 되면 세포내 소기관인 미토콘드리아가 얼마나 위대한 소기관인지 조금은 이해가 되지 않을까?

"근데 이상해. 지금까지 음식물 분해의 이화작용을 보면, 거대 분자를 잘게 쪼개는 거잖아. 그것도 심하게 쪼개서 이산화탄소와 물로 만들어버리는 거잖아. 이건 질서를 만드는 게 아니라 무질서를 높이는 거 아냐?"

훌륭한 딸이네. 맞아. 무질서를 높이는 과정. 이게 끝은 아니라고 했지? 이화작용의 끝인 세포호흡의 결과 이산화탄소와 물이 생기지. 이는 무질서도가 더욱 높아지는 거고. 자동차, 비행기 모두 연료를 태워서 이산화탄소와 물을 만들잖아? 여기까지는 생명체와 자동차가 같지.

하지만 그 다음이 달라. 자동차는 연료를 태워서 만들어진 에너지로 이동하면 끝이지만, 생명체는 그것을 가지고 무엇인가를 만들잖아. 도구, 세포 구성물질, 세포 그 자체, 그리고 자손도. 그게 바로 네가 키우는 미토콘드리아가 만들어내는 엄청난 에너지를 들여서 질서를 만드는 거지. 그중에서 도구, 세포 구성물질을 만드는 과정을 동화작용이라고 한다고, 이화작용과 동화작용을 다 합쳐서 대사작용, 물질대사라 한다고 했지. 그럼 앞으로 동화작용 얘기할 거냐고? 아니, 동화작용은 너무 복잡하고 다양해.

예를 들면 핵산의 기본인 염기는 4가지인데, 그걸 만드는 과정, 우리 인체가 필요로 하는 20개의 아미노산 중 만들지 못하는 8개의 필수아미노산을 제외하고 12가지를 만드는 과정, 에너지원으로 사용하고 남는 포도당을 지방으로 저장하는 과정, 세포막을 만드는 과정, 아미노산으로 각종 단백질을 만드는 과정. 이 모든 과정이 동화작용인데 다 얘기하기는 힘들지. 또 생물의 종류마다 조금씩 다르기도 하고. 혹시나 네가 나중에 생물을 더 깊게 공부하게 된다면 그때 스스로 공부해보던가.

응아하기

드디어 '사춘기 딸래미 잘 키우기 대책'의 마지막에 왔네. 빤한 잔소리의 마지막이기도 하지. 사실 뭐 이건 잔소리한다고 해결될 문제는 아니야. 엄마가 밥상머리에서 '응아 잘해라' 이렇게 잔소리한다고 네가 응아를 잘할 것도 아니고. 오히려 잔소리 들으면 스트레스 받아 응아를 못할 수도 있겠지. 재밌는 사실은 인간만이 응아를 잘 못하는 변비가 있다는 거야. 왜 다른 생물체에서는 변비가 없을까? 아니다, 최근에 암컷 원숭이에게 엄청난 스트레스를 줬더니 변비가 나타난다는 연구결과가 있기는 하네.

　빤한 잔소리에서 얘기한 대부분의 물리적 · 화학적 작용이 네 의지와는 상관없는 네 몸의 움직임이기는 하지만, 스트레스에 의해 네 의지와 상관없는 몸의 움직임이 영향을 받는다는 거지. 물론 멈출 수는 없어. 네 의지와 상관없는 네 몸의 움직임을 원활하게하기 위한 방안 중 하나가 '사춘기 딸래미 잘 키우기 대책'을 통해 우리 집 밥상에 쫙~ 깔려 있는 야채지. 그 야채가 응아하기의 핵심이지. 야채에 포함된 여러 무기질이나 비타민은 소장과 대장을 거치면서 흡수되지만 섬유질은 분해가 안 되어 응아로 배출되기는 하는데, 장 운동을 활성화시켜서 응아하기를 도와주지.

섬유질이 뭐냐? 포도당과 같은 단당류로 구성된 셀룰로스가 주된 성분이지. 셀룰로스는 식물세포 세포벽의 주된 구성성분인 거 알지? 이건 우리 몸에서 분해를 못해서 이용하지 못해. 우리 몸이 이용하지 못하는 게 셀룰로스만은 아니야. 요즘 한창 다이어트를 위해 설탕을 줄이려고 하잖아. 하지만 우리는 너무 단맛에 중독되어 있어서 달지 않은 건 잘 안 먹지. 달콤한 초콜릿을 먹으면서도 약간의 죄책감에 시달리니까.

그러다 보니 찾은 게 달면서 우리 몸이 이용하지 못하는 다른 대체품을 찾은 거지. 그게 당알코올이야. 이름이 당알코올이니까 이걸 먹으면 네가 술을 마시는 거냐고? 아니 전혀 그렇지 않아. 당에 결합한 한 분자가 술과 같은 알코올에서 공통적으로 나타나는 OH가 결합되어 있는 형태를 당알코올이라고 불러. 대표적인 것으로 에리스트롤과 자일리톨이 있고, 그 이외에도 인체가 잘 이용하지 못하는 올리고당도 대체감미료에 해당해. 심지어 자일리톨은 껌으로 씹기도 하고 그 자체를 먹기도 하잖아. 어찌되었든 우리 몸이 이용하지 못하는 것을 버리는 그 모든 과정이 '응아하기(배설)'이야.

일단은 소장과 대장을 통해 외부로 배출되는 좁은 의미의 응아하기만 보자구. 우리가 먹은 음식물 중 분해되지 않고 흡수되지 않는 것들은 다 응아로 배출되는데, 섬유질이 그걸 많이 도와주는 거지. 그런데 소장에는 또 다른 비밀이 있어. 그게 바로 장내세균이야. 이런 광고 카피 많이 보지 않았을까? '살아서 장까지~~~' 유산균 음료 광고 카피지. 우리 몸에는 사실 수많은 미생물이 살고 있는데, 무려 그중 1/3이 장에 살고 있어. 무게로 따지면 얼마인지 알아? 약 1kg이나 돼. 박테리아의 크기가 $2\mu m$쯤 되는데 그게 모여 1kg이나 된다면 얼마나 많은 애들이 장에 살고 있겠어.

걔들이 그냥 우리 몸에서 살면서 영양소만 뺏어 먹는 건 아니냐고? 아니야. 우리가 먹은 영양소를 우리 몸이 필요로 하는 형태로 전환시켜 주는 것도 장내세균의 역할이야. 특히 비타민의 전 단계 물질을 섭취하면 장에 살고 있는 세균이 우리가 필요로 하는 B1, B2, B12 등의 형태로 전환시켜주지. 그것만 있느냐? 이자에서 분비되는 소화효소에 의해 음식물이 완전히 분해되기기도 하지만 그렇지 않은 경우도 많아. 근데 장내세균은 우리 몸이 가지고 있지 않는 수많은 분해효소를 분비해서 우리 몸의 소화를 돕기도 하지.

이렇게 많이 살고 있는데도 우리는 유산균을 별도로 먹는 경우가 많지. 우리나라 성인의 경우 장내에 유산균이 그렇게 많지 않거든. 유산균은 젖산을 만들어서 다른 나쁜 세균이 잘 자라지 못하게 하는 특성이 있는데 성장 속도가 대장균과 같은 다른 세균에 비해 느려서 개체수가 그렇게 많지 않아. 그러니까 사람들이 별도로 먹어주는 거지. 근데 시중에 판매되는 대부분의 유산균 제품이 다 수입된 유산균이야. 하지만 우리가 먹는 음식 중에 유산균이 정말 많이 포함된 전통음식이 있어. 바로 김치지. 익은 김치의 신맛은 바로 유산균이 만드는 젖산이야. 잘 익은 김치를 많이 먹어보렴. 그러면 장에 좋은 유산균도 섭취하고, 응아에 좋은 섬유질도 많이 섭취하게 되는 거지. 근데 한 가지 문제가 있다. 그건 바로 불량한 엄마한테 있는 문제인데, 엄마가 네가 김치를 많이 먹을 수 있도록 염분 농도를 낮고 맛있게 만들 수 있을까 하는 거지.

그럼 넓은 의미의 '응아하기'는 뭐냐고? 이용하고 남은 찌꺼기, 노폐물을 버리는 전 과정이 넓은 의미의 '응아하기'야. 우리 몸에 노폐물이 많이 생기냐고? 당연히 많이 생기지. 대표적인 건 이미 설명했어. 이산화탄소와 물. 이화작용, 세포호흡의 끝에서 생성되는 물질이지. 이산화탄소와 물은 어떻게 버리냐고? 이미 알고 있잖아. 혈액을 타고 우심방, 우심실, 폐동맥, 폐를 거쳐 날숨으로 배출되지.

그거 말고 또 있어. 아미노산이 완전히 분해되고 나면 암모니아(NH_3)가 생겨. 알잖아 아미노산에 기본적 구조, NH_3^+가 있는 거. 그게 아미노산에서 떨어져 나오면 암모니아가 돼. 네가 알고 있는 방귀 냄새가 암모니아 냄새지. 하지만 이 아미노산이 완전히 분해되는 건 세포호흡을 통해서니까 세포에서 만들어진 암모니아는 다른 형태로 배출되겠지. 그러니까 방귀와는 좀 달라. 방귀는 우리가 들이마신 공기와 소화과정에서 생성되는 여러 기체들이 체외로 배출되는 거야. 물론 이때 생긴 암모니아의 일부가 혈액으로 흡수되기도 해.

그런데 암모니아는 독성이 매우 강해. 그러니까 세포호흡을 통해 아미노산이 완전히 분해되어서 암모니아가 생기면 재빨리 제거해야 돼. 우리 몸에서 암모니아의 독성을 중화시키는 기능을 가진 기관은 간인데, 여기서 암모니아를 독성이 없는 요소로 재빨리 바꿔 콩팥으로 보내는 거지. 그러면 콩팥에서는 필요한 것만 남기고 요소와 같은 노폐물만 걸러내서 소변으로 배출하고. 간이 피로하면 암모니아가 요소로 전환이 안 돼서 몸에 암모니아가 쌓이겠지? 그러면 피부가 칙칙해지고, 여기저기 발진이 일어나기도 해.

우리는 암모니아를 요소로 바꿔서 소변으로 배출하는데 모든 생물체가 그런 건 아니야. 어른들이 좋아하는 음식 중에 삼합이라는 음식을 아니? 돼지고기 수육과 삭힌 홍어, 묵은 김치를 같이 먹는 음식인데, 원래 홍어는 그 자체에서 암모니아 냄새가 나. 그건 홍어와 같은 물고기는 단백질 분해 결과 생긴 암모니아를 기체형태로 배출하기 때문이야. 계속 기체 형태로 배출하니까 홍어 전체에 암모니아 냄새가 배어 있는 거지. 어른들은 이 홍어를 더 삭혀서 암모니아 냄새를 더욱 진하게 해서 먹는 거야.

암모니아 냄새나는 음식을 좋아하다니 이상하지? 하지만 자꾸 먹다보면 그 맛에 중독되어서 계속 찾게 되더라고. 기체 말고 액체에 가까운 형태로 배출하는 생물들도 있어. 가끔 엄마 자동차에 새가 똥을 싸놓으면 엄마가 하는 말이 있지. 이거 빨리 제거 안 하면 차가 녹슨다고. 그건 새가 암모니아를 요산의 형태로 버리기 때문이야. 산이잖아. 산은 금속을 쉽게 부식시키잖아. 그래서 빨리 제거해야 된다는 거지.

생명체마다 노폐물을 제거하는 방법이 다 다른데, 특히 암모니아를 버리는 방법에 대한 재미있는 얘기가 있어. 엄마가 3가지 종류의 생물을 얘기했잖아. 포유류, 홍어와 같은 연골어류(뼈가 연한 어류), 새. 이게 다 물 때문에 다른 형태로 버린다는 이론이 있지. 사람은 물의 형태인 소변으로 버리고, 새는 물이 조금 포함된 형태고, 연골어류는 물이 없는 기체로 버리잖아. 세 생명체의 버리는 형태를 보면 점점 수분이 줄어들잖아. 이게 탈수를 막으려고 선택된 형질이라는 거야.

연골어류는 물고기니까 물에 사는데 어떻게 탈수가 일어날 수 있냐고? 연골어류인 홍어와 상어가 암모니아로 버리는 이유는 아마 고생대 데본기에 일어난 일 때문일 거야. 연골어류는 과거에 민물에 살았었는데, 데본기에 심한 가뭄이 들어서 강바닥이 다 드러날 정도였다는 거지. 그러니까 아주 물이 조금 남아 있는 진흙 속에 숨어서 수분 버리는 것을 최소화하게 만드는 유전자가 선택되었을 거라는 거야. 최소화해서 버리려면 기체로 버려야 되는 거지.

근데 네가 좋아하는 고기 위주의 식사가 그리 바람직한 건 아니야. 왜냐면 일단 단백질을 많이 먹으면 암모니아가 많이 생기고, 간은 계속 암모니아를 요소로 전환해야 하니까 간세포가 피곤해지겠지. 간세포만 피곤해지나? 콩팥도 계속 걸러내야 하잖아. 그리고 소변을 통해서 배출하는 과정에 칼슘도 같이 배출되어서 골다공증에 걸릴 확률이 높아져. 그거 말고도 또 있어. 아미노산의 구조 기억나? 탄소를 중심으로 NH_3^+, H, COO^-가 붙어 있고 R이라는 게 있잖아. 그 R의 종류에 따라 아미노산이 결정된다고.

인체가 필요로 하는 아미노산 중에 벤젠과 유사한 모양의 R이 결합된 애들을 방향족 아미노산이라고 불러. 페닐알라닌(Phenylalanine), 티로신(Tyrosine) 같은 녀석들이야. 이 방향족 고리가 분해되는 과정에서 요산이 생겨. 요산도 독성이 강하지. 그런데 우리는 요산을 중화시키는 능력이 없거든. 하루에 만들어지는 요산은 대부분은 소변으로 배출되지만 방향족 아미노산이 너무 많으면 그렇지 못한 경우가 생기지. 성인의 경우 통풍이라는 질병이 나타나는데 너무 고단백질의 식사를 해서 생기는 질병이야. 요산이 다 배출되지 않고 관절 근처에 딱딱하게 쌓이는 거지. 바람만 불어도 아픈 병이라는 이름이 붙어 있는 걸 보면 얼마나 아픈 것인지 짐작할 수 있잖아? 그러니까 너무 고단백 위주의 식사가 좋은 건 아니라는 거야. 하루에 먹어야 되는 양 중에 30%만 단백질을 먹는 것이 좋다고 해. 그게 육류든 아니면 콩류를 통해서든.

이제 이 불량한 엄마의 '사춘기 딸래미 잘 키우기 대책'이 얼마나 위대한지 알겠지? 적당한 탄수화물과 단백질과 야채로 쫙~ 깔린 밥상. 그 위대함을? 그래도 가끔은 네가 좋아하는 음식을 해줘야 한다고? 아직도 모르니 엄마의 기본이 불량함이라는 걸? 그러니까 너를 위해 준비한 '사춘기 딸래미 잘 키우기 대책'에 충실할 거야. 뭐 그래도 가끔 투덜대면 네가 원하는 걸 해줄 생각은 있어. 그런데 생각해보면 엄마가 진짜 불량하다는 생각을 해. 엄마도 사춘기 때 너처럼 소시지 찾고, 햄 찾았을 거잖아. 그런데 외할머니는 엄마와 비슷한 밥상을 차려놓고는 '야, 오늘은 가지무침이 참 맛있다. 싱싱해서 사 왔는데 금방 무쳐서 그런지 유달리 맛있네. 먹어봐' 이렇게 말씀하셨는데 엄마는 그런 재주가 없어서 그냥 차려만 주잖아.

'사춘기 딸래미 잘 키우기 대책'을 반쪽자리가 아닌
완벽한 것으로 만들기 위해서,
오로지 너만을 위해 펌프질 하는
바보 같은 심장을 좀 쉬게 해줘.
사실 뭐 심장만이겠어? 다른 기관도 다 마찬가지지.
그래서 아침에 일어나서 잠들기까지
활기차게 생활할 수 있도록 말이야.
그 유일한 방법. 일찍 자야 한다는 거지.

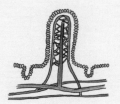

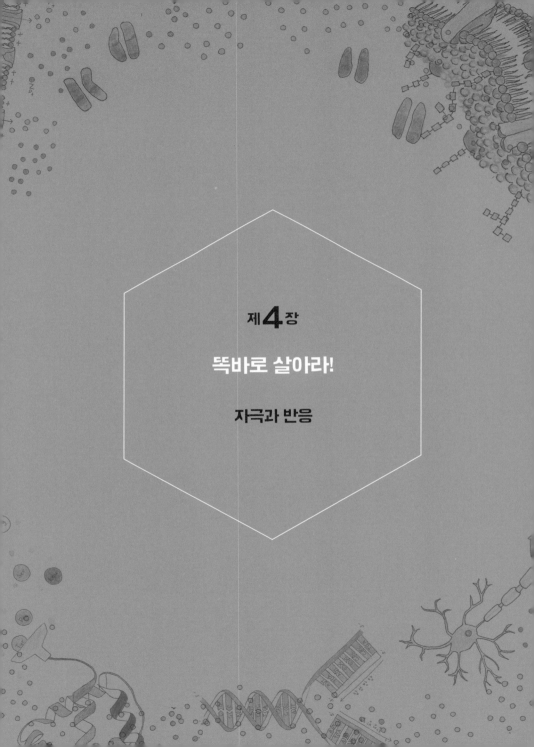

제**4**장

뚝바로 살아라!

자극과 반응

엄마가 보면 삐딱선. 네가 보면 정상. 이게 사춘기 자녀와 엄마의 좁힐 수 없는 간극이지. 우리도 결코 예외가 될 수 없는. 어느 날 엄마보다 먼저 아이를 키운 선배가 얘기했지. "범죄만 아니면 다 괜찮아. 그것만 아니면 다시 제자리로 돌아올 수 있어. 아니, 범죄도 뉘우치면 돌아올 수 있어"라고. 그래, 맞는 말인지도 몰라. 범죄만 아니면 지금의 삐딱선은 아무것도 아닐지 몰라. 우리는 늘 제자리로 돌아오는 본능을 가지고 있으니까. 몸에 상처가 나면 우리 몸은 그걸 고쳐서 원래대로 만들려 하고, 뭔가가 고장 나면 애써 에너지를 들여가면서 고쳐서 제자리로 돌아오려고 하는 유전적 특성을 가지고 있으니까.

그것만 있나? 추우면 몸을 따뜻하게 유지하려고 하고, 더우면 몸을 식혀 일정하게 유지하려고 하는 특성도 있으니. 그래 항상성. 그게 그런 거니까. 외부의 변화에 대해서 몸이 최대한 영향을 적게 받게 하거나, 빠르게 제자리로 돌아오려는 거지. "똑바로 살아라!"라고 외치는 불량엄마의 잔소리. 그 자체가 기우인지도.

아프니?
아프니까 청춘이다?

아침부터 부엌에 들어오는 너의 볼이 퉁퉁 부어 있다. 이 아프냐는 질문에 고분고분 고개만 끄덕인다. 평소 같으면 "이렇게 될 때까지 엄마가 그냥 둔 거잖아" 하면서 짜증을 냈을 텐데. 진짜 많이 아픈가 보다. "이렇게 부은 걸 보면 진작부터 아팠을 터인데 왜 여태까지 그냥 있었던 거야?"라고 소리 지르고 싶으나, 아프다고 하니까 그냥 고이 밥 대신 죽을 끓인다. 마음이 아픈 것보다는 나은 거잖아. 저건 그냥 치과 가서 약 좀 먹고 며칠 조심하면 가라앉겠지. 그러고 나서 치료하면 되니까.

　그 저녁에 부기가 가라앉은 얼굴로 식탁에 앉기는 했는데, 아침보다 더 심각한 얼굴로 그 좋아하는 고기반찬을 매우 연하게 만들어줬음에도 말이 없다. 그러더니 "엄마, 내 친구가 아파"라고 말을 연 딸아이의 얘기는 이러하다. 친구 엄마가 방에다가 CCTV 설치해놓고 공부를 하는지 안 하는지 감시한다는 거다. 그래서 그 애가 죽고 싶다고. 숨이 막혀왔다. 어떤 사람이 아프니까 청춘이라고 했대? 하긴 엄마처럼 생각을 하는 사람이 엄마 한 사람은 아니니까 '아프니까 청춘은 아니다'라는 말도 있겠지. 너도 아는 것처럼 엄마가 불량기 가득해서 심리학 같은 형이상학적인 건 잘 몰라. 오로지 형이하학적인 것만 얘기할 수 있다는 게 조금은 안타깝네. 조금 무거운 내용으로 시작했더니 불량기 가득한 어투로 돌아가기 힘들기는 하지만, 아프다고 말한다는 건 일단 자극에 대해서 반응을 나타낸 것이니 그나마 다행인 거지.

컨트롤 타워와 그 수족들

네가 느끼는 신체적 자극을 표현할 수 있는 단어들이 뭐가 있을까? 네가 자주 쓰는 단어부터 시작해보자. 시다, 달다, 쓰다, 짜다 등의 미각을 표현하는 단어들. 목소리가 청아하다, 시끄럽다 등의 청각을 표현하는 단어들. 아프다, 가렵다 등의 촉각을 표현하는 단어들. 홍기 멋지다, 잘 생겼다 등의 시각적 단어들. 이런 단어들은 감각을 나타내잖아. 이런 감각들은 어디서 어떻게 느끼는 걸까?. 당연히 감각기관인 눈, 코, 입, 귀, 피부에서 느낀다고?

정말 감각기관에서 다 알아서 느낀다고? 너의 감각기관인 눈이

컴퓨터 화면에 떠다니는 폭탄을 인지해서 열심히 마우스를 움직이게 하더라? 먹어봤더니 혀가 '척'하고 알아서 맛있다고 해준다고? 밥을 봤더니 침샘이 알아서 아밀레이스를 분비해주더라? 그런 건가? 이 순간 글을 쓰기 위해 손가락으로 자판을 누르는 건 엄마 손가락이 척 알아서 하는 거니까, 엄마의 생각은 손가락이 하는 건가? 그럼 엄마의 뇌는 손가락에 달린 거네. 그것만 있나? 물건이 날아오면 순간적으로 눈을 감는 반응도 있고, 어디에 부딪히면 네가 인지하기 전에 근육이 먼저 알아서 수축하는 반응도 있어.

어떤 자극에 대해서 기관들이 다 '척'하고 알아서 반응해주는 것처럼 보이는 그 순간의 반응은 아주 복잡한 단계를 거쳐서 일어나는 건데, 그 간격이 너무나 짧아서 마치 기관들이 인지하는 것처럼 착각할 수도 있지. 그 '짧다'는 길이는 초로 표현될 수 없어서 밀리세컨드(ms)라는 단위를 써. 밀리세컨드는 1초를 1,000개로 나눈 것인데, 느끼고 반응하기까지 100ms 정도밖에 안 걸린다는 거야.

그런데 엄마 말을 잘 들여다보면, 자극과 반응은 분리되어 있다는 얘기잖아. 그럼 분리된 것을 연결해주는 뭔가가 필요한 거고. 맞아. 그래서 '자극수용 → 자극전달 → 판단 → 명령전달 → 반응'의 단계가 이루어져야겠지. 이 단계에 관여하는 각각의 기관을 단계마다 표시해보면 '자극수용(감각기관) → 자극전달(감각신경계) → 판단(중추신경계) → 명령전달(운동신경계) → 반응(운동기관)'이 돼.

이 단계 중에 자극을 전달하는 감각신경계와 명령을 전달하는 운동신경계를 합쳐서 말초신경계라고 하지. 그리고 분리된 두 신경계를 연결하는 녀석이 중추신경계야. 중추신경계, 말초신경계? 이름에서 신경계라는 표현을 썼잖아. '계'라는 말은 모여 있다는 뜻이지. 이 '계'를 이루는 기본단위가 신경, 뉴런이야.

그런데 자극은 외부로부터 오니까 자극을 느끼고 반응하기 위한 신경계들은 외부와 가까운 곳에 위치하고 온몸에 골고루 퍼져 있어야 쉽게 자극을 받아들이고 반응하겠지. 그래서 말초신경계는 온몸에 골고루 퍼져 있어. 반면에 중추신경계는 말초신경계의 감각기관을 통해 전달되는 모든 자극을 받은 후 다시 운동하는 기관으로 명령을 전달해야 하는 거잖아. 그러니까 중앙에 자리 잡고 있겠지. 원래 컨트롤 타워는 가운데 있잖아. 그 컨트롤 타워를 이루는 중추신경계는 뇌와 척수로 구성되어 있지.

그럼 이런 결론이 나오겠지. '말초신경계인 감각신경계와 운동신경계가 중추신경계와 연결되어 있다.' 맞아. 그렇게 연결되어야 서로 자극을 받고, 명령을 전달하고 하지 않겠어? 결국 말초신경계는 컨트롤 타워에 상황을 보고하고 명령 받은 대로 움직이는 중추신경계의 수족인 거지.

그런데 엄마가 이런 말을 했지. 눈으로 보고 '폭탄을 피해야지' 하는 판단을 통해 근육이 움직이는 반응과 물건이 날아올 때 무의식적으로 눈을 감는 반응이 있다고. 그렇지, 폭탄을 피하기 위해 마우스를 움직이는 너의 움직임은 이성적 판단에 따른 반응인 반면에, 물건이 날아오면 눈을 감는 반응은 무의식적 반응이지. 이런 무의식적 반응을 '반사'라고 하지.

혹시 파블로프의 실험이라고 들어봤니? 개한테 먹이를 줄 때마다 종을 쳤더니, 나중에는 먹을 걸 안 주고 종만 쳐도 개가 침을 흘리면서 먹으러 나온다는 실험? 그것도 무의식적 반응이긴 한데 학습된 거지. 너도 일단 밥을 보면 침이 나오잖아. 똑같은 거지. 그런데 이런 건 무조건적인 반사가 아니라 학습에 의해서 기억된 조건이 되면 반응하는 조건반사인 거야. 설마 폭탄을 피하는 것도 하도 연습을 해서 이제는 무의식적인 반응이 된 건가? 그런데 이런 일은 어떻게 일어나는 걸까?

그건 중추신경계를 구성하는 뇌와 척수를 알아야 되는데, 뇌는 네가 좋아하는 '아이돌, 졸려, 집에 가고 싶다' 이런 구조로 되어 있는 게 아니라 대뇌, 간뇌, 중뇌, 연수, 소뇌로 구성되어 있지. 용어가 완전히 다르지 않니? 조금은 고차원적으로 보이기도 하고? 이 뇌에 있는 각각의 부위들이 자극의 종류에 따라 다르게 반응하게 하는 거야.

뇌의 구조를 보면 이미 네가 알고 있는 걸 결정하는 부분도 있어. 예를 들면 연수는 네가 마음대로 못하는 네 몸의 움직임, 소화, 호흡, 심장 뛰는 것을 조절하는 부분이야. 대뇌는 이성적 판단을 하는 부분이고. 척수는 대뇌, 간뇌, 연수 등으로 구성된 뇌와 더불어 중추신경계를 이루는 한 축이지.

기본적으로 척수는 감각신경계에서 온 자극과 뇌의 명령이 지나가는 통로야. 그런데 척수는 그것 말고 뇌의 명령을 받지 않아도

되는 특별 권한을 가지고 있어. 위험한 자극에 대한 특별 처리권, 바로 반사지. 위험한 자극에 대해 대뇌가 판단하고 반응하면 너무 늦을 수도 있잖아. 그래서 대뇌가 판단하는 경우보다 훨씬 더 반응이 빠를 수 있는 거고. 그래야 순간적인 위험으로부터 몸을 조금은 잘 보호할 수 있을 테니까.

그럼 반사에 대해서는 '자극수용(감각기관) → 자극전달(감각신경계) → 판단(**중추신경계/대뇌**) → 명령전달(운동신경계) → 반응(운동기관)'의 단계가 아니라 '자극수용(감각기관) → 자극전달(감각신경계) → 반사(**중추신경계/척수**) → 명령전달(운동신경계) → 반응(운동기관)'의 단계로 바꿔서 말하는 게 맞겠지? 척수와 조금 다르긴 하지만 연수도 하품, 재채기 등의 반사에 관여하는 중추신경계야.

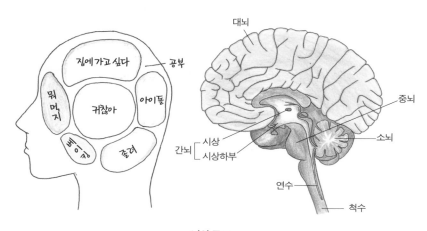

· **뇌의 구조** ·

그런데 중추신경계와 말초신경계를 이루는 기본단위를 뉴런
이라 하는데 얘는 어떻게 생겼기에, 100ms도 안 되는 시간에 감
각기관으로부터의 자극과 중추신경계의 명령을 전달하는 걸까?
감각기관에서 느끼는 자극과 중추신경계를 통한 명령을 다 합쳐
'신호'라고 하자. 혀를 쏙 내밀어봐. 혀에 맛을 느끼는 맛세포들이
특정 부위에 몰려 있다는 걸 알고 있잖아? 맛이라는 거 하나만 놓
고 보더라도 우리가 느끼는 종류가 많고 우리가 반응하는 모양새
가 매우 다양하니까 감각뉴런이나 운동뉴런의 종류도 다양할까?
아니니까 물어보겠지? 뉴런의 모양을 보자. 신경계는 딱 세 가지
뉴런으로 구성되어 있어. 감각신경계는 감각뉴런으로, 운동신경
계는 운동뉴런으로 그리고 중추신경계는 연합뉴런으로 구성되어

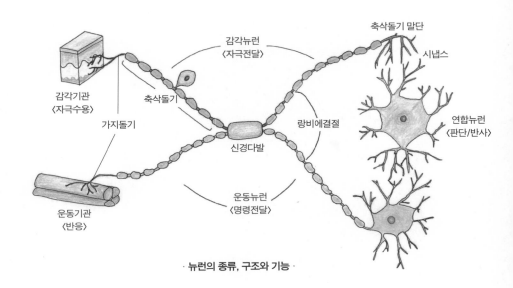

· **뉴런의 종류, 구조와 기능** ·

있지.

그런데 그게 감각뉴런이든, 연합뉴런이든, 운동뉴런이든 비슷한 모양과 구조를 가지고 있어. 공통적으로 나타나는 구조를 보면, 신호를 받아들이는 가지돌기와 신경세포, 신호가 이동하는 축삭돌기, 다음 뉴런에 신호를 전달하는 축삭돌기 말단으로 구성되어 있지. 그런데 뉴런의 축삭돌기는 다음 뉴런의 가지돌기와 직접 연결되어 있지 않아. 이 둘 사이에는 약간의 빈 공간이 있는데 이를 '시냅스'라고 해.

그럼 하나의 뉴런에서 일어나는 신호전달 순서는 가지돌기→축삭돌기→축삭돌기 말단이 되겠지. 그런데 다음 뉴런과 연결이 안 된 축삭돌기 말단에서는 신호는 어떻게 그 다음 뉴런으로 전달될까? 그거야 또 신호를 전달해주는 메신저가 있으면 되는 거지. 축삭돌기 말단은 신호를 받으면 메신저 역할을 하는 신경물질을 시냅스에 분비해서 다음 뉴런으로 신호를 전달해.

수많은 신호전달 방법의 단순함

축삭돌기, 랑비에결절. 이 이상한 이름들이 연결되어서 감각세포가 받은 자극과 중추신경계의 명령을 전달하는 건데, 전달방법은 놀랍게도 아주 단순해. 물론 자세히 들여다보면 매우 복잡하지만, 그 원리는 참 간단하다는 거야. 전위차에 의한 전기적 방법으로 전달하지. 그게 뭐가 단순하냐고? 단순하지. 그 많고 다양한 자극과 명령전달을 오직 전자의 전위차를 이용한 전기적 방법으로 전달한다. 이보다 더 단순할 수가 있을까? 다 알려고 할 필요 없어. 그냥 하나만 짚고 넘어가자. 신호가 오기 전 축삭돌기 내부는 (-)전하를 띠고 있다가 신호가 오면 세포막 밖에 있던 Na^+이온(나트륨이온)이 축삭돌기 세포 안으로 들어오거든. 그럼 (+)전하를 띠게되면서 신호를 전달했다가 다시 원래대로 돌아가는 거야. 이게 뉴런이 신호를 전달하는 방식이야.

엄마가 얘기했지? 세포막은 인지질로 워낙 촘촘하게 구성되어 있어서 아무나 못 들어온다고. 나트륨 이온과 같은 이온 형태는 더욱더 못 들어와. 축삭돌기도 당연히 인지질의 세포막으로 구성되어 있지. 그래서 얘를 세포 안으로 통과시키는 특별한 통로가 있는데, 이를 채널이라고 불러. 신호가 오면 축삭돌기 세포막에 있는 나트륨 이온 채널을 열고 세포 밖 나트륨 이온을 끌어들여. 자극이 더 이상 안 오면? 또 나트륨 채널을 통해서 나트륨 이온을 내보내원래의 (-)전하 상태로 돌아가는 거야. 이게 얼마만의 시간에 일어날 것 같아? 약 2~5ms쯤 되는 시간 사이에 일어나는 일이지.

그때 랑비에결절은 무슨 역할을 하느냐? 일단 랑비에결절 이름에 대한 예의를 표하자. 랑비에(Ranvier)라는 프랑스 과학자가 발견한 부분인데, 축삭돌기의 다른 부분과 달리 절연체로 싸여 있지 않는 부분이야. 다른 부분은 다 절연체로 싸여 있는데, 랑비에결절만 안 싸여 있어. 절연체가 뭐겠어? 전기가 안 통하게 하는 거잖

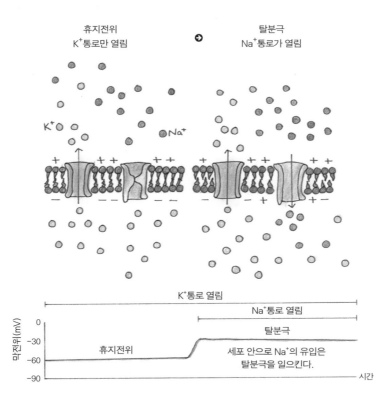

휴지전위
K$^+$통로만 열림

탈분극
Na$^+$통로가 열림

K$^+$

Na$^+$

K$^+$통로 열림

Na$^+$통로 열림

탈분극

막전위(mV)

0

−30

−60

−90

휴지전위

세포 안으로 Na$^+$의 유입은
탈분극을 일으킨다.

시간

· 전위차에 의한 신호전달 ·

아. 근데 어떻게 전위차를 이용한 전기적 방법으로 신호를 전달하
냐고? 그래서 랑비에결절이 중요한 거야. 우리와 같은 척추동물은
다 랑비에결절이 있는데, 뉴런에서 전위차는 랑비에결절에서만
일어나. 뉴런의 다른 부분은 다 전기가 안 통하잖아. 그러다 보니
까 신호가 축삭돌기 전체에서 천천히 전위차를 만들면서 통과하
는 게 아니라, 랑비에결절에서 그 다음 랑비에결절로 전위차가 도

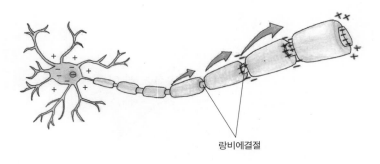

랑비에결절

· 랑비에결절을 통한 전위차 도약 ·

약하게 되는 거지.

이건 어떤 결과를 낳겠어? 신호의 전달이 무지 빨라지겠지. 그러니까 손가락으로 물체를 만졌을 때 그 촉감을 아는 데까지 1초도 안 걸릴 수 있는 거지. 전위차와 랑비에결절에서의 도약의 합작. 이게 바로 뉴런에서 일어나는 신호전달방법이지. 그 다음 뉴런으로의 신호전달은 이미 얘기했지? 축삭돌기 말단에서 신경물질을 분비해서 다음 뉴런에 신호를 전달한다고. 그럼 다음 뉴런은 또 전위차와 랑비에결절의 합작에 의해 신호를 전달하는 거고.

엄마가 이 전위차를 이용한 전기적 자극전달을 애써 말하려는 이유는 뭘까? 또 과학자 얘기 하려 그런다고? 일부는 맞아. 시각장애인이 운전하는 자동차를 상상해봤어? 시각장애인을 싣고 달리는 무인자동차가 아니라, 시각장애인이 직접 운전하는 자동차 말이야. 그런 자동차를 만든 사람이 있지. 로봇을 연구하는 미국 버지니아 공대의 데니스 홍 교수는 미국 시작장애인협회의 요청으로 시각장애인이 직접 운전하는 자동차를 만들었어.

앞이 안 보이는 시각장애인이 운전하는 게 어떻게 가능했을까? 데니스 홍 교수는 위치를 확인하는 GPS, 카메라 등의 장치를 자동차에 장착해서 길 모양, 장애물 위치 등의 정보를 음성, 진동, 압력 등으로 시각장애인에게 전달해주고, 시각장애인이 그 정보에 맞게 운전할 수 있는 자동차를 만든 거야. 데니스 홍 교수가 만든 자동차는 시각뉴런을 대신해서 자극을 전달하는 그런 장치가 아니라, 시각장애인이 핸들을 돌릴 때 주어진 정보만큼만 움직이게 하는 자동차인 거지. 이런 장치는 시각장애인이 운전을 하는 것을 돕기는 하겠지만 보고 알아서 판단하고 움직이게 하는 건 아닌 거지.

근데 어떤 사물을 보고 인지하기 위해서는 기본적으로 빛이 필요하잖아. 홍채는 그 빛의 양을 조절하고 수정체는 빛을 굴절시켜

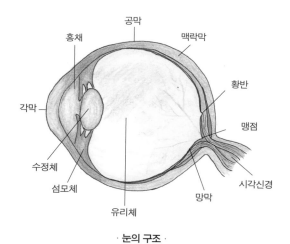

· **눈의 구조** ·

망막에 상이 맺히게 하지. 망막에 존재하는 시각세포에 상이 맺히면 이를 시각뉴런을 통해 대뇌로 전달해서 이게 컵이구나, 이게 우리 불량엄마구나라고 판단하는 건데, 시각뉴런이 망가지거나 망막을 다치는 경우 앞을 볼 수 없게 되는 거잖아. 시각장애인 개개인마다 안 보이게 되는 이유가 조금씩 다를 수 있지만, 사람들이 자극과 명령의 신호를 전달하는 방법을 흉내 내서 전달할 수만 있다면 시각장애인들이 앞을 보는 것과 같은 상태에서 자동차를 운전하게 하는 것도 가능하지 않을까?

실제로 이런 비슷한 방법이 일부 청각장애인들에게 사용되고 있거든. 음파에 의해서 발생하는 달팽이관의 자극전달을 받아줄 청각뉴런이 고장 난 환자들에게 청각뉴런을 대신해서 전위차를 발생하는 장치를 삽입하면 완벽하지는 않지만 거의 대부분의 소

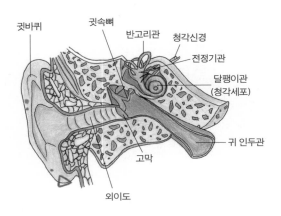

· **귀의 구조** ·

리를 들을 수 있다고 해. 이는 전기적 방식으로 신호를 전달하는 시스템을 우리 인체가 가지고 있기 때문에 가능한 거지. 그 장치가 보청기냐고? 아니야. 주로 보청기는 나이 드신 어른들이 끼는데, 나이가 들면 고막이 노화되어서 잘 떨리지를 않아 음파가 증폭되지 않아. 보청기는 그 음파를 증폭시키는 역할을 대신 해주는 거야.

감각뉴런에 연결된 눈이나 귀 이외의 다른 감각기관이 어찌 생겼는지, 그리고 그 기관의 세부 기능이 어찌되는지 알아? 엄마는 사실 잘 몰라. 그건 네가 공부해서 알려주면 안 될까? 예를 들면 '청각의 경우 소리가 외이도를 통해 전달되면 중이에 있는 고막이 떨리면서 그 소리를 증폭시켜 달팽이관으로 전달된다. 달팽이관에서는 그 음파를 파장별로 분리하고 이에 따라 림프액이 움직이게 된다. 이 액체의 떨림이 청각뉴런에 전달된다. 그 이외에도 귀에는 반고리관과 전정기관이 있어서 평형감각을 유지시킨다.'는 거 말이야. 그런데 여기에 하나 더 추가해서 소뇌가 몸의 균형감각에 관여한다고 했으니까 '반고리관과 전정기관의 평형감각은 소뇌랑 연결되어 있겠구나' 이런 내용들 말이야.

그런 거 알려주려고 여태 얘기한 거 아니었냐고? 아니. 물론 그것도 중요한데, 엄마는 네가 생물을 큰 틀에서 봐야 세부적인 것까지 쉽게 이해할 수 있다고 생각해. 그러니까 나머지는 네가 찾아봐. 청각과 시각은 엄마가 이미 대충 얘기했고. 그래봐야 미각, 후각, 촉각인데 촉각은 나중에 다시 얘기할 거고. 미각은 혀를 쏙 내밀어서 실험해봐. 네 혀가 어디에서 단맛, 신맛, 짠맛, 쓴맛을 느끼는지. 간단하잖아? 그런데 실험할 때 한꺼번에 다 하면 맛이 섞이고 맛에 의한 자극이 남아 있어서 잘 몰라. 그러니까 단맛 하나를 먼저 해. 혀 끝, 혀 양쪽, 혀 가운데, 혀 뒤쪽. 이렇게 하고 나서 물로 한참 헹구고 난 뒤에 다른 맛을 실험해. 진짜 할 거야? 아니면 인터넷을 뒤질 건가?

아파서 다행이다

근데 이상하지 않니? 자극의 전달과정과 반응과정을 보면, 말초신경계의 감각뉴런이 자극을 인지하여 중추신경계로 전달하고, 중추신경계에서 운동신경계로 명령을 보내는 방식이 다 똑같은데, 우리는 그 수많은 자극을 구분하고 있잖아. 심지어 자극의 전달방식은 전위차에 의한 전기적 방법이잖아. 그 전위차가 자극의 종류에 따라 달라져서 다르게 느끼는 건가? 그 비밀이 뭘까?

　자극의 시작은 감각기관이잖아. 혀는 미각을 느끼고, 귀는 청각을 느끼고, 피부는 촉각을 느끼지. 그 비밀은 감각기관 세포에 있는 수용체(receptor)라는 것 때문이야. 수용이라는 말은 받아들인다는 의미잖아. 뭘 수용하는지 보자고. 엄마가 이런 얘기를 한 적이 있어. 혈액이 세포에 영양소를 배달 와서는 '딩동' 하고 누른다고. 딩동하고 벨을 누르면, 세포는 뭐가 배달 왔는지 확인하고 문을 열어줘야 하잖아. 세포는 촘촘한 인지질로 세포막을 구성하고 있는데 누가 왔는지를 어떻게 확인하고 문을 열어줄까? 그게 아주 중요한 포인트지. 바로 수용체야.

세포막 그림 생각나니? 세포막에는 당지질도 있고, 당단백질도 있다고 한 그림. 세포 표면에 나와 있는 그런 수용체들이 확인을 해. 단맛을 내는 물질이 혈액을 타고 와서는 벨을 눌러. 그 누르는 방법이 자기한테 맞는 수용체와 결합을 해서 "내가 왔어요"라고 알리는 거지. 그러면 그 수용체는 세포 안으로 신호를 전달해. "단 맛을 내는 녀석이 왔대, 빨리 감각뉴런에게 알리자"라고 하면서 바빠지지. 단맛을 내는 물질을 확인하는 수용체는 어디에 많겠어? 혀 끝부분에 있는 미각세포의 표면에 몰려 있겠지. 쓴맛을 확인하 는 수용체는 혀의 가장 안쪽에 많이 몰려 있을 테고. 이 얘기는 감 각에 대한 수용체의 종류가 다 다르다는 거야. 쓴맛을 내는 녀석은 혀 앞쪽에서는 잘 받아들여지지가 않아. 왜냐면 쓴맛을 받아주는 수용체를 가진 미각세포가 거의 없어서야.

이 수용체들 때문에 감각뉴런에 전달되는 자극이 달라지고, 중 추신경계가 판단하는 결과가 달라지는 거지. 그 판단의 결과 너무 쓴 걸 먹으며, "아, 이 녀석은 너무 써, 뱉어"라고 운동신경에 명령 을 내리려는 거지. 에잇. 미각에 대해 혼자 실험해보라고 해놓고는 결국 알려줬네.

이 아픈 건 좀 나았니? 약 먹어 부기도 가라앉았고, 아픈 것도 줄어들었겠지. 치료 받았으니 이제 괜찮아질 거야. 그래 다행이다. 아픈 게 나아서 다행인 게 아니라, 아픈 걸 느낄 수 있어서 다행이

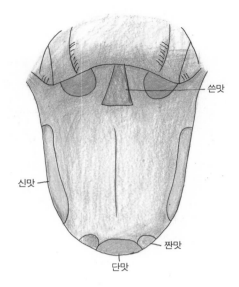

· 미각세포의 분포 ·

라고 말하는 거라는 걸 아니? 딸이 아파서 다행이라니 이게 무슨
소리냐고? 불량한 엄마라도 너무 심한 거 아니냐고? 흥분하지 말
고 들어봐봐. 아프다는 건 네 몸에서 일어나는 신호를 네가 인지
한다는 거잖아. 통증이 없으면 아픈지도 모르고, 병원에 갈 생각도
안 할 거잖아. 그러니까 통증은 "내가 아프니까 빨리 병원에 가라"
라고 몸이 알려주는 거지.

통증이 없다면 무슨 일이 일어날까? 암을 늦게 발견해서 쉽게
치료하기 어려운 경우가 있지. 이자라고 알지? 소화효소가 만들
어지는. 다른 말로 췌장이라고도 해. 이자는 순우리말이고, 췌장은
한자야. 췌장암은 조기 발견이 어려워. 어려운 이유는 증상이 잘
안 나타나니까 병에 걸린 줄 모르고 병원에 안 가는 거지. 우리가

병원에 갈 때가 언제야? 아프다고 느낄 때잖아. 네 피부에는 아픈 거(통점), 차가운 거(냉점), 뜨거운 거(온점), 누르는 거(압점), 만지는 걸 느낄 수 있는 감각세포(촉점)와 그 자극을 연결하는 감각뉴런이 있지. 이 촉각세포들이 자기만의 자극을 느낄 수 있는 이유가 뭐라고? 당연히 수용체가 달라서 그런 거지. 통점은 아픈 걸 받아들이는 수용체만 있고, 온점은 뜨거운 걸 받아들이는 수용체만 있는 거지. 통점만 몰려 있는 부분에 뜨거운 자극을 주면? 뜨거우나 뜨겁다고 못 느끼지.

그런데 파키스탄 북부에 사는 10살 난 한 아이는 아픈 걸 못 느껴서, 거리에서 팔을 칼로 찌르거나 뜨거운 돌 위를 걷는 공연을 하며 살았대. 그래서 영국 케임브리지 대학교 의학유전학과 제임즈 콕스(James Cox)와 제프리 우즈(Geoffrey Woods)는 왜 이 소년이 통증을 못 느끼는지에 대한 연구를 시작했는데, 조사를 해보니까 애만 그런 게 아니라 가족 중 다른 5명도 그렇다는 걸 발견했지. 이건 유전적·선천적 결함이 원인이라는 거잖아. 그래서 이 사람들의 염색체를 조사하면서, SCN9A라는 유전자에 돌연변이가 일어났다는 것을 알아냈어. 유전자 이름을 알 필요는 없지만, 중요한 건 이 유전자가 인체의 감각전달에 중요한 역할을 하는 '나트륨 이온 채널'을 구성하는 단백질을 만든다는 거지.

기억나니? 전위차? 축삭돌기를 통해 신호가 전달되는 단순한(?) 이유가 전위차라고 말한 거? 나트륨 이온이 축삭돌기 세포 안으로 들어오면서 자극을 전달한다고 말한 거? 그래. 이 친구는 나

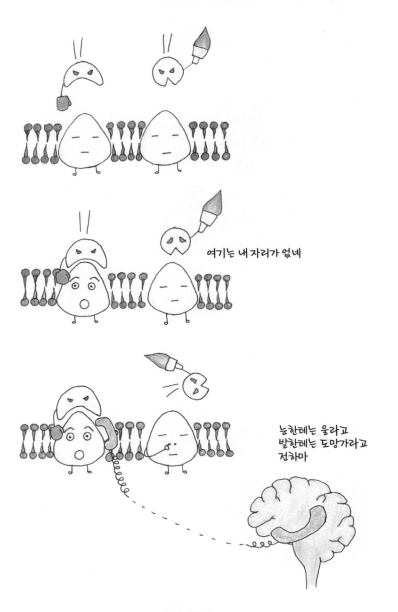

· 통각 수용체 자극 인식 ·

1. 아프니? 아프니까 청춘이다?

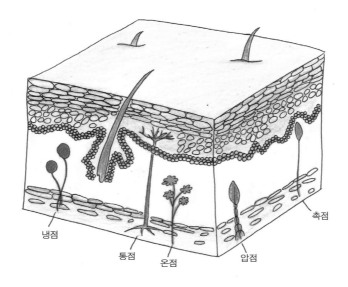

· 촉각의 종류 ·

트륨 이온 채널을 구성하는 단백질을 만드는 유전자가 고장 나 있는 거지. 피부에서 느끼는 다른 감각은 어떠했냐고? 이상하게도 차가움이나 압력 등의 모든 감각은 정상인과 똑같이 느꼈대. 하지만 이들은 고통을 느끼지 못하는 결함 때문에 몸에 많은 상처자국을 갖고 살았지. 더 비극인 건, 이 소년이 결국 14살 생일에 지붕에서 뛰어내려 죽었다는 거야. 아픈 걸 모르는 게 더 큰 고통이었는지도……. 위 '촉각의 종류' 그림에서 보면 아픈 걸 느끼는 통점 감각세포에 연결되는 신경세포의 나트륨 이온 채널이 고장 난 거지.

그래. 아프다고 느끼는 건 다행인 거야. 하지만 통증을 못 느끼는 사람이 있는 반면에 지나치게 통증에 민감한 사람도 있겠지. 남들보다 더 많은 고통을 느끼는 사람들. 아니면 특정 질병 때문에 참기 어려운 상태의 고통을 겪고 있는 사람들. 그래서 살아가기 힘든 사람들. 파키스탄의 10살 소년에 대한 연구를 한 사람들은 나트륨 이온 채널을 연구하면 통증을 지나치게 느끼는 사람들이나 못 느끼는 사람들을 치료할 수 있다고 생각했지.

자기 엄마 때문에 아프다고 말하는 네 친구. 그래 그 친구는 아프다고 말할 수 있으니 그나마 다행인 거야. 하지만 그 통증이 너무 커져서 견딜 수 없게 되기 전에 빨리 그 친구 엄마와 얘기를 하는 게 좋지 않을까?

불량엄마의 형이하학적 설명, 아니 생물학적 사실에 따르면 누구나 다 아파. 생물학적으로 아플 수밖에 없어. 오히려 안 아프면 문제인 거지. 청춘이라서 더 아픈 것도 아니고, 청춘이라서 꼭 더 아파야 하는 것도 아니잖아. 그러니까 청춘이라서 아픈 거니까 그냥 견디라고 말하지 말라고. 청춘이 더 아픈 게 당연한 건 아니라고!

난 너에게
최고의 선물을 줬어!

오늘따라 신경이 되게 날카롭네. 뭘 해도 짜증이네. 사실 네가 딱히 무슨 말을 한다는 건 아니야. 아침에 네 방에서 나올 때 얼굴에 다 쓰여 있거든. 오늘은 건드리면 안 되는 날이구나. 이게 호환 마마보다 무섭다는 극한의 사춘기 상태를 넘어선 것 같거든. 이 상태에 한 달에 한 번 오는 마법이 더해지려나 보다. 그건 단순히 1+1=2가 되는 것이 아니라 그보다 훨씬 큰, 가늠할 수 없는 증폭이지.

근데 그걸 모르는 사람이 우리 집에 한 명 있잖아. 10살짜리 네 동생. 결국 네 동생이 뇌관을 건드렸지.

"엄마, 누나는 온몸에서 짜증이 저절로 나나봐."

이 말이 떨어지기가 무섭게 나머지 세 명이 동시에 하던 수저질을 멈추고 너를 바라봤지. 찰나의 정적. 웃음을 억지로 참는 엄마, 아빠 얼굴을 바라보는 너. 그리고는 결국 "나 밥 안 먹어!"라며 일어서는 너. 그런데 우리는 '저절로'라는 아들 녀석 표현에 웃지도 못하고, 네가 자리를 박차고 일어나 네 방으로 들어가자 아무 일도 없다는 듯이 밥을 먹는다. 그래도 어린 녀석이 신경이 쓰였는지 "누나는 왜 저래?"라고 조심스레 물었지. 누나가 그런 거 아니라고, 호르몬이 그런 거라고 했더니 이 녀석이 호르몬이 나쁜 거냐고 물어본다. 호르몬은 엄마가 준 최고의 선물이라는 답에 "근데 뭔 최고의 선물이 저래?"라고 투덜거린다. 최고의 선물도 잘 써야 효과가 있는 거야.

삐닥선을 제자리로 돌아오게 하는 최고의 선물

추운 겨울. 갑자기 둘이서 무슨 바람이 불었는지 영화를 보러 길을 나섰다. 왜 하필 영하 12도인 날을 골랐는지. 따뜻한 집안에서 영하 12도의 밖으로 나가니 몸이 덜덜 떨린다. "엄마, 피부에 있는 냉점이 추위를 느껴 감각신경계에 전달하고, 감각신경계의 신호를 받은 중추신경계에서 운동신경계에 신호를 전달한 거지? 그래서 내 온몸의 근육이 이렇게 떨리는 거지?"

"내가 너라면 아무 말 하지 않을 거야. 열이 밖으로 새나가잖아. 그런데 그게 아닌데. 어쩌지? 몸을 왜 떨게 만들겠어? 근육을 수축시켜 열을 못 나가게 하려고 그러는 거지."

　엄마가 신경계를 얘기하면서 빼먹은 게 하나 있어. 바로 자율신경계야. 아니 중추신경계와 말초신경계가 있다고 하더니 웬 자율신경계? 조금 특별해서 따로 얘기하려고 했지. 자율이라는 말처럼 너의 의지와 상관없는 신경계지. 넌 이미 자율신경계에 의한 작용을 알고 있어. 자율신경계에 의한 네 몸의 의지와 상관없는 움직임. 뇌의 연수에 의해 조절되는 심장, 소화, 호흡 등등. 그게 자율신경계에 의한 움직임이야.

　엄마가 지금까지 말초신경계를 얘기하면서 감각신경계와 운동신경계만 얘기했잖아. 엄마가 얘기하지 않은 자율신경계도 말초신경계에 속해. 그 얘기는 우리 온몸에 퍼져 있다는 뜻이고. 자율이라는 단어가 들어 있다고 해서 제멋대로라는 게 아니라, 이들이 움직이는 게 사람의 의지에 의한 것이 아니라는 뜻이야. 네 동생이 말한 '저절로'인 거지.

　자율신경계를 보면, 교감과 부교감이라는 이름을 가진 신경계가 있지. 그런데 단어들이 좀 어렵지 않니? 교감신경계, 부교감신경계. 엄마가 늘 하는 얘기지만 처음 나온 이름에 예의를 표해야겠지. '교감'이라는 말은 이미 알고 있잖아. 너와 내가 교감하는 거. 너와 나의 교감은 없다고? 쳇, 그게 아니면 너와 그 누군가가 함께 느끼는 게 교감이지. 부교감에서 '부'는 '부수적이다'라는 의미니까 부수적으로 함께 느끼는 거 아니겠어? 이 둘은 커플이야. 커플

· **신경계의 구성** ·

이긴 한데 똑같이 따라하는 커플이 아니라, 하나가 지나치게 작용하면 다른 하나가 좀 줄이라고 말하는, 서로 보완해주는 커플이지. 예를 들면, 교감신경계가 심장박동수를 올려서 이게 지나치다 싶으면 부교감신경계가 나서서 그만하라고 조절해. 반대로 부교감신경계가 심장박동수를 너무 낮게 하면 교감신경계가 나서서 올리라고 하면서 적정하게 유지를 하는 거지.

그런데 교감이라는 뜻이 '함께 느끼는 것'인데, 교감신경계는 누구와 함께 느끼고 부교감신경계는 누구와 느낄까? 이미 알고 있잖아. 교감신경계와 부교감신경계가 서로 보완해주는 거니까 서로 느끼겠지. 하지만 그게 전부가 아니야. 교감신경계는 바로 감각신경계와 함께 느껴. 지금 우리는 추운 곳에서 덜덜 떨고 있잖아. 네 말처럼 우리 피부에 있는 냉점이 추위를 느껴서 중추신경계에 전달한 것까지는 맞아. 엄마처럼 '내가 너라면 이 추위 속에서 아무 말하지 않을 텐데, 열이 다 새어나가잖아' 등의 판단을 하지.

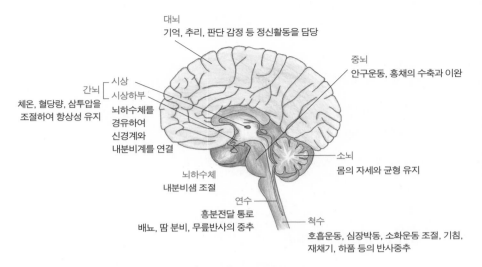

대뇌
기억, 추리, 판단 감정 등 정신활동을 담당

중뇌
안구운동, 홍채의 수축과 이완

간뇌
시상
시상하부
체온, 혈당량, 삼투압을
조절하여 항상성 유지
뇌하수체를
경유하여
신경계와
내분비계를 연결

소뇌
몸의 자세와 균형 유지

뇌하수체
내분비샘 조절

연수
흥분전달 통로
배뇨, 땀 분비, 무릎반사의 중추

척수
호흡운동, 심장박동, 소화운동 조절, 기침,
재채기, 하품 등의 반사중추

· 뇌의 구조와 부분별 기능 ·

하지만 이건 대뇌가 하는 이성적인 판단이고, 이런 것 말고 우리 몸은 스스로 조절하는 능력을 가지고 있어. 사실 조금 지나면 추위를 좀 덜 느껴. 갑자기 내려간 체온이 서서히 올라간다는 거지. 교감신경계가 작동해서 그런 거야. 교감신경계가 체온을 높이는 방법이 뭐가 있겠어? 일단 열을 내게 하는 거지. 우리 몸에서 어떻게 하면 될까? 심장박동수를 올리고, 물질대사를 열심히 하는 거지. 그것만 있나? 근육을 수축시켜서 열이 나가는 걸 막는 거지.

그런데 교감신경계가 이렇게 작동하려면 누군가 명령을 내려야 하잖아. 누가 이 지시를 내릴까? 감각신경계로부터 자극을 전달받은 뇌의 어느 부분이겠지. 감각신경계가 직접 교감신경계와 부교감신경계에 자극을 전달하지는 않으니까. 뇌의 어느 부분으로부터 명령을 받을까? 이미 넌 뇌의 구조를 알고 있잖아. 대뇌, 중뇌, 소뇌, 간뇌, 연수 등.

대뇌는 어떤 일을 하는지 이미 알지? 종합적 판단을 하는 일을 하지. 중뇌는 홍채를 빛의 양에 따라 늘렸다 줄였다 하는 일을 하고, 소뇌는 귀에 있는 반고리관과 전정기관의 자극을 통해 몸의 자세와 균형을 유지하게 하지. 이들은 감각신경계의 자극을 받아 홍채와 몸의 근육에 명령을 내리는 일을 하는 거잖아. 그런데 말이야. 홍채의 크기 조절, 몸의 균형을 잡는 일, 모두 순식간에 일어나잖아. 이는 감각신경계의 자극을 받자마자 바로 명령을 전달했다가, 또 다른 자극이 오면 순식간에 또 다른 명령을 내리는 거지.

그런데 추위라는 자극에 대해 우리가 이렇게 얘기하는 지금도 넌 떨고 있잖아. 아니 아까보다는 많이 나아졌겠지. 그래 맞아. 1초보다 짧은 순간에 명령이 전달되어 반응하는 감각신경계, 운동신경계와는 다르게 오래 지속되는 게 지금 추위에 대한 우리의 반응이잖아. 교감신경계가 순간적으로 심장박동수를 올리고, 물질대사를 올렸다가 멈춰버리면 계속 춥잖아. 우리가 추울 때는 그런 명령을 지속적으로 해줘야 체온이 덜 내려가지. 즉 자극에 대한 반응이 지속되어야 한다는 건데, 그건 바로 명령을 전달하는 방법이 감각신경계나 운동신경계와는 달라야 가능한 일이겠지.

추위라는 사건이 터졌어. 그럼 즉각적인 대응과 유지하기 위한 대응으로 나눠서 명령을 해. 심장 너는 빨리 심장박동을 증가시켜 혈액을 더 빨리 순환시키고 물질대사를 촉진시켜 열을 내. 그리고 빨리 모근을 수축시켜서 열이 밖으로 나가는 걸 줄여. 이런 즉각적인 대응은 교감신경계를 통해 하고 지속적인 대응을 위한 후속조치로 호르몬을 이용해. 호르몬은 신경계처럼 전위차에 의한 즉각적 반응을 전달하지는 못하지. 일단 만들어져야 하고 금방 사라지지 않으니까. 그래서 감각신경계나 운동신경계에 의한 신호전달보다 길고 오래가는 거야. 하나는 즉각적인 반응, 그리고 다른 하나는 즉각적이지는 않지만 조금 지속되는 반응, 두 가지가 같이 일어난다는 거지.

다음 그림을 봐. 붉은 화살표가 교감신경계에 의한 명령전달이고, 파란색이 호르몬에 의한 명령전달이야. 동일한 명령을 전달하기 위해 교감신경계와 호르몬이 동시에 작용하는 걸 볼 수 있지? 그걸 누가 다 명령해? 총사령관이 필요하지. 그 총사령관이 간뇌에 있는 시상하부야. 총사령관의 이름이 너무 어렵지? 엄마도 총사령관의 이름인 시상하부 중에 시상(視床)이라는 이름이 어려워 국어사전을 찾아봤더니, 한자로 '눈에 보이는 마루'라는 뜻이더라구. 영어도 사실은 비슷해. 영어로 시상은 Thalamus야. 사실 영어도 아니지, 엄밀하게 말하면 라틴어에서 온 단어니까. 근데 이 뜻이 '안쪽 방'이라는 뜻이야. 시상이라고 부르는 곳은 마치 독립된 방처럼 생겼거든. 그 '안쪽 방'의 아래쪽이 '시상하부'야. 이 시상하부에서 교감신경계에 직접 즉각적인 명령을 전달하면서 동시에 뇌하수체로 하여금 호르몬을 만들게 하는 거야.

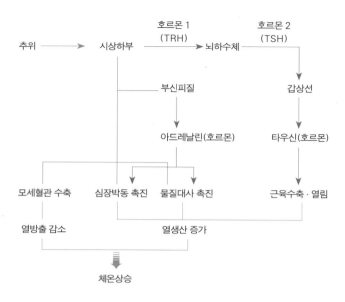

· **교감신경과 호르몬에 의한 체온 상승 기작** ·

　그러다가 갑자기 따뜻한 곳으로 들어가면? 시상하부에서 내려온 명령 중 교감신경계에 전달된 명령은 금방 사라지지만 호르몬에 의한 명령은 사라지지 않아. 그러니까 차단해야 하잖아. 만들어진 호르몬이 감각신경계처럼 한순간에 사라지지 않으니까 부교감신경계가 바쁘게 작동해서 심장박동을 억제하고 물질대사를 억제해서 열 생산을 줄이는 거지. 너무 더우면 땀을 배출해서 열을 식히고. "교감신경계와 호르몬, 너희들 정말 고생했으니 좀 쉬어" 하면서 말이야.

　"내가 너라면 아무 말 하지 않을 거야. 열이 밖으로 새나가잖아"라고 말했는데 엄마는 왜 이 추위 속에서 이렇게 열 새나가게 말하고 있는 거지? 교감신경계와 호르몬의 작용을 믿어서? 제자리로 돌릴 수 있는 임계점을 넘어가면? 아~ 상상하기도 싫다. 얼어 죽기 전에 빨리 따뜻한 곳으로 들어가서 부교감신경계를 작동시키자!

추위에 노출되면 우리 몸의 체온이 떨어져 몸이 정상을 벗어난 '삐딱선'상에 있다는 거잖아. 시상하부는 뇌하수체와 자율신경계를 통해 그걸 제자리로 돌리는 역할을 하는 거고. 시상하부는 총사령관이잖아. 그러니까 다른 많은 명령을 전달하겠지.

우리 몸에는 수많은 호르몬이 있어. 대부분 내분비샘에서 만들어지지. 또 용어가 어렵다고? 내분비샘은 혈액에 직접 분비하는 호르몬을 만드는 기관인데 인체의 여러 군데 퍼져 있지. 그래서 이들을 다 합쳐 내분비계라고 해.

지금 우리가 얘기하고 있는 뇌하수체도 내분비샘인데, 뇌하수체는 시상하부의 명령을 직접 수행하는 기관으로 내분비계 전체를 조절하는 역할을 해. 시상하부가 명령을 내리면 뇌하수체는 그 명령에 해당하는 호르몬을 만들어서 다른 내분비샘한테 명령을 전달하거든. 예를 들어 짠 음식을 많이 먹으면 소변으로 수분이 방출되는 것을 억제해 체내 소금 농도가 높아지는 것을 막기도 하고, 혈액의 포도당 농도도 조절하지.

인슐린이라고 들어봤어? 혈액 내 포도당의 농도를 조절하는 호르몬이지. 이 또한 시상하부의 명령에 의해 만들어진 뇌하수체 호르몬의 명령전달에 의해 조절되지.

인슐린은 지나치게 많은 포도당을 글리코겐으로 저장해. 글리코겐이 뭐냐고? 포도당이 연결된 다당류인데 쉽게 꺼내 쓸 수 있는 단기 에너지 저장물질이야.

밥을 먹고 난 후 소화가 되면 일시적으로 혈액 내 포도당 농도가 증가하는데, 많을 때 저장해두지 않으면 소변으로 다 빠져나가서 필요할 때 꺼내 쓸 수 있는 에너지가 없게 되거든. 그러니까 포도당이 많을 때 임시로 글리코겐으로 저장하는 거지. 그렇게 저장된 글리코겐은 식사 후 4시간쯤 지나 혈액 내 포도당 농도가 낮아졌을 때 에너지원으로 사용이 돼. 이때 사람들이 배고픔을 느끼는데, 이건 가짜 배고픔이야. 우리가 뇌한테 속는 거지. 그래서 뭘 자꾸 먹으려고 하는지. 그러다보면 너무 많이 먹게 되는 거고. 너무 많이 먹으면? 지방으로 저장되지.

어찌되었든 인슐린이 만들어지지 않거나 기능을 잘 못하는 인슐린이 만들어져 글리코겐으로 저장이 안 된 포도당이 소변으로 배출되는 게 당뇨병이야. 그래서 식사 후 일정한 시간이 지나면 쉽게 꺼내 쓸 수 있는 에너지원이 없어 저혈당 쇼크가 오기도 하지. 그럼 어떻게 해야 되겠어? 포도당을 글리코겐으로 저장하기 위한 인슐린을 투여하거나 혈당을 조절하는 약을 먹어야지.

이런 거 말고도 우리 몸에는 더 다양하고 적극적인 제자리로 되돌리기 기능들이 많아. 세포에도 그런 기능들이 있지. 세포에 문제가 생겼어. 망가졌어. 그럼 어떻게 해야 돼? 망가진 애를 그냥 사용할까? 고칠까? 아니면 없애 버릴까? 망가진 정도에 따라 다르겠지. 우리 몸의 세포들은 늘 위험에 노출되어 있기 때문에 쉽게 망가져. 네가 태운 햄. 이걸 보고 엄마가 한 말이 있지? 탄 건 암에 좋다. 이게 무슨 말이냐고? 탄 음식에는 암을 유발하는 물질이 들어 있다는 얘기지. 암을 유발하는 가장 기본적인 원리는 세포를 망가지게 하는 거야. 특히 DNA를. 그럼 우리는 고치려고 하잖아. DNA를 고치는 횟수가 많아지면 그만큼 변이가 일어날 확률이 높아지지. 암이라는 건 나중에 다시 얘기하겠지만 죽어야 되는데 죽지 않고 세포가 계속 자라는 거야. 고쳐도 안 되는 상태까지 DNA가 망가지면 세포는 결정하지. 죽자. 그래서 스스로 죽어. 이런 작용을 세포자살(Apoptosis)이라고 해.

그래, 우리 몸에는 외부 환경에 의해서 몸이 정상 상태를 벗어나 삐딱선을 타게 되면, 스스로 돌아오려고 하는 항상성 기능이 있지. 물론 한계치(임계점)는 있어. 그 한계치를 넘어가면 돌아올 수가 없지. 엄마가 보기에는 삐딱선, 네가 보기엔 지극히 정상. 이 간극이 좁혀지기 힘들겠지? 그래도 엄마가 보는 너의 삐딱선은 한계치를 넘지 않았다고 생각해. 〈음악중심〉에 가기 위해 적당히 둘러대며 용돈을 늘리려는 너의 삐딱선? 뭐 그 정도는 돌아올 수 있는 범위라고 생각하니까 속아준다. 이런 조절이 괜히 나오겠어? 다 엄마가 준 선물의 결과인 거잖아. 엄마가 준 최고의 선물이 너를 제자리로 돌려줄 거니까.

미토콘드리아 이브가 되게 할 최고의 선물

10살 난 네 동생이 저녁 내내 자기 방에서 안 나오고 있다. "또 너의 소행인가?"라는 의심의 눈초리로 쳐다보니 즉각 뛰어나온다.

"아니 그냥 소리 좀 질렀더니 저러고 있는 거야."

"아닐 걸? 엄마가 얘기했어. 지금 누나가 짜증 내는 건 누나가 하는 게 아니라, 호르몬이 하는 거라고."

"그게 말이 되냐고? 그 호르몬이 내 몸에 있는 거니까, 결국 내가 한 거잖아."

시인했네. 네가 한 거라고. 하지만 진짜 네 의지대로 한 건 아니야. 네가 조절하지 못하는 호르몬이 한 거니까 네 동생의 표현을 빌면 '저절로'인 거지.

시간이 지나면 호르몬 작용에 적응되어, 그 호르몬에 의해 생기는 예민함도 스스로 조절할 줄 알겠지만 지금은 연습이 필요한 기간이니까. 그리고 네 남동생이 너처럼 굴 날도 얼마 남지 않았으니까 너도 똑같이 당할지도 모르잖아? 하지만 지금은 너의 위대한 미래를 위해서 가족들이 참아주는 거지. 그 위대한 미래를 위한 선물에 대해서 얘기해보자구.

너의 23번째 염색체 쌍은 XX. 23번째 염색체가 성염색체잖아. 이게 XX니까 너는 여성이지. 네 남동생은? XY. 이 염색체가 문제야. 여성의 정의가 뭐야? 여성의 생식기를 가지고 있으면 여성이라고 일반적으로 얘기하지. 그래서 애가 태어나자마자 생식기를 보고 "공주님입니다" 또는 "왕자님입니다"라고 말하는 거고. 그런데 여성의 생식기만 가지고 있으면 다 여성인가? 우리가 여성과 남성으로 태어나는 이유가 뭐지? 자손을 낳으려고 그러는 거잖아. 그럼 자손을 낳으려면 유전자에 의해 정해진 성이 발현되어야 하는 거지.

보통 여자의 경우 5~6학년이 되면 생리를 시작하고, 남자아이들의 경우 중학교에 들어가면서 변성기가 오고 여드름이 나잖아. 드디어 자손을 낳을 수 있는 나이가 되었다 혹은 되어간다는 것은 여러 가지로 징후로 나타나지. 사춘기의 반항? 그것도 스스로 자손을 낳을 수 있다는 생물학적 징조의 하나라고 볼 수 있어. 스스로 뭔가를 할 수 있는 성인이 되어간다는 표시니까.

태어날 때 이미 난소 속에 여성의 생식세포를 가지고 있기는 한데 그게 불완전한 상태지. 원시난자는 불완전해서 보호자인 여포 속에 고이 보관되어 있는 상태야. XX라는 성염색체에 의해서 성이 결정되기는 하지만 감수분열이 완전히 끝나지 않는 상태로 난소의 여포 속에서 10년 넘게 꼭꼭 숨어 있지. 이 미성숙한 원시난자가 성숙한 난자가 되는 시점이 바로 결정된 성이 발현되는 시기라고 할 수 있지. 그래서 엄마가 사용하는 '성숙'이라는 표현은 감수분열을 완전하게 끝내서 수정이 가능한 난자를 만드는 과정이야. 이건 일정한 요건이 갖춰져야 해. 보통은 발육정도나 영양상태에 의해서 시기가 결정되지. 엄마 어렸을 때는 중학교에 가서도 생

217

리하지 않는 아이들이 꽤 있었는데, 요즘은 영양상태가 워낙 좋으니 대부분 초등학교 때 생리를 시작하지.

여포 속 원시난자가 성숙한 난자로 되려면 뭔가 명령을 내리는 기관이 있어야 되잖아. "지금 너의 발육상태가 충분하니 성숙한 난자를 만들어라" 하고 말이야. 그 명령이 어디서부터 시작되느냐? 시상하부의 명령을 받은 뇌하수체에서 시작해. 또 호르몬? 역시 호르몬이지! 사춘기+한 달에 한 번 걸리는 마법의 상태인데, 이게 어떻게 일어나는 건지 보자고. 아직은 연습단계라서 안정된 단계가 아니니까 흔히 말하는 일정한 주기(대략 28~30일)를 지키지는 못하지만, 그래도 마법이 일어나는 과정은 동일해. 4개의 주요 호르몬이 작용을 하는데, 이름은 각각 여포자극호르몬, 황체형성호르몬, 프로게스테론, 에스트로겐이야. 다 처음 들어보는 이름인데다가 어렵다고? 하나씩 보자.

여포자극호르몬. 여포를 자극하는 호르몬이지. 어디서 만들어지느냐? 뇌하수체. 뇌하수체는 참 다양한 호르몬을 만들어서 자극하지? 여포에게 뭐라고 말하면서 자극하는 호르몬이겠어? "때가 되었으니 어서 원시난자를 성숙시켜라" 하는 거지. 명령을 받은 여포는 난자를 부지런히 성숙시켜. 멈춰 있던 감수분열을 다시 시작하면서 그중에서 하나를 골라 크고 튼튼하게 만든 다음 나팔관으로 보내. 우린 이 과정을 배란이라고 불러. 난자의 수정은 어디서 일어나겠어? 나팔관에서 수정이 일어나지.

하지만 여포의 역할은 여기서 끝나는 게 아니야. 난자를 내보내서 쭈글쭈글해진 여포에게 또 다른 명령이 내려와. "넌 이제 황체가 되어라"라고. 이 명령의 이름은 황체형성호르몬이야. 미성숙 난자를 성숙시키는 여포가 이 명령에 의해서 황체로 바뀌는 거지. 이 명령도 시상하부의 명령을 받은 뇌하수체에서 내려오는데, 난자를 만드는 본래 목적이 수정란을 만드는 거잖아. 그래서 네가 만든 난자가 혹시나 수정이 될 때를 대비해서 수정란을 잘 키울 수 있도록 황체로 변신하여 도우라는 거지. 여포에서 황체로 변신한 황체가 만드는 호르몬이 프로게스테론이야. 처음에 여포에서 황체로 변신할 때 주는 임무가 "수정란을 잘 키울 수 있게 준비해라" 였잖아. 그러니까 여기서 만들어지는 프로게스테론의 임무는 수정란이 자랄 방을 꾸미는 거지.

수정란은 자궁에서 자라잖아. 그래서 프로게스테론은 수정란이 잘 자랄 수 있도록 자궁벽을 두껍고 부드럽게 만들어서 수정란이 자궁벽에 달라붙기 쉽도록 만들어주고, 수정란이 떨어지지 않도록 자궁근육 수축을 억제도 하지. 그런데 난자가 수정되지 않으면? 프로게스테론이 열심히 두껍게 만든 자궁벽이 수정되지 않은 난자와 함께 '우르르' 무너져 내리지. 그게 생리야.

4가지 중에 말하지 않은 호르몬이 있지? 에스트로겐. 흔히 여성호르몬이라고 알려져 있지. 이 호르몬은 여포와 황체(변신한 여포)에서 주로 분비되는데, 애가 아주 오지랖 넓게 여기저기 관여하지. 성숙된 난자의 배란을 돕기도 하고, 자궁벽을 두껍게 하는 프로게스테론을 돕기도 하고. 그것만 있나? 너의 감당하기 힘든 가슴사이즈, 그럼에도 불구하고 잘록해지는 허리. 이 모든 게 에스트로겐의 영향이지.

"엄마, 그럼 애들은 생기지도 않을 수정란 때문에 이렇게 설레발을 치는 거야?"

여성은 일생 동안 평균 400번 정도 생리를 해. 네 말처럼 4가지의 호르몬은 생기지도 않는 수정란을 위해서 400번의 설레발치고 있는지도 모르지. 하지만 이들의 설레발이 없었으면 네가 태어날수 있었을까?

그리고 애들이 아무 때나 자기들 맘대로 만들어지고 그러는 건아니야. 서로 돕기도 하고, 서로 방해하기도 하고, 그러면서 적절한 균형을 이루지. 난자 하나 만들기 위한 그들의 치열한 힘겨루기와 균형감각을 보면 놀랄 정도야. 그들 간의 힘겨루기 시작을 생리시작일로 하자. 왜냐? 생리를 시작했다는 얘기는 "난자가 수정에실패했으니 다시 난자를 만들자"라는 신호니까.

난자를 성숙시킬 때 가장 먼저 작동하는 호르몬이 여포자극호르몬이지. 이 호르몬의 자극을 통해 하나의 여포가 성숙하면서 원시난자를 잘 키우고 있는데도, 계속 이 호르몬이 작용하면 또 다른 여포를 통해 원시난자를 성숙시킬 거잖아. 그러니까, 누군가는명령을 줘야지. 이미 여포가 난자를 잘 성숙시키고 있으니 여포자극호르몬은 이제 그만 줄이라는 명령을, 그리고 배란할 시기가 다되었으니, 그 다음 준비를 위한 호르몬을 분비하는 명령을.

이 명령의 전달자는 여포가 성숙하면서 만들어지는 에스트로겐이야. 따라서 여포가 성숙함에 따라 에스트로겐 농도는 점차로 증가하지. 농도가 증가된 에스트로겐은 시상하부로 달려가 두 가지를 전달해. 하나는 여포자극호르몬을 줄이라고, 또 다른 하나는 황체형성호르몬을 만들어달라는. 그래서 에스트로겐 농도가 증가할수록 여포자극호르몬 농도는 줄어들게 되는 거고 황체형성호르몬 농도가 증가하지. 여포가 변신해서 생긴 황체는 수정을 위한 프로게스테론과 에스트로겐을 만들기 때문에 여포자극호르몬과 황체형성호르몬 농도가 낮아진 상태에서 프로게스테론과 에스트로겐 농도가 증가하는 거야. 그래, 이렇게 4개의 호르몬이 서로 절묘한 밀당을 해서 일정한 주기의 생리현상이 반복되어 나타나는 거고,

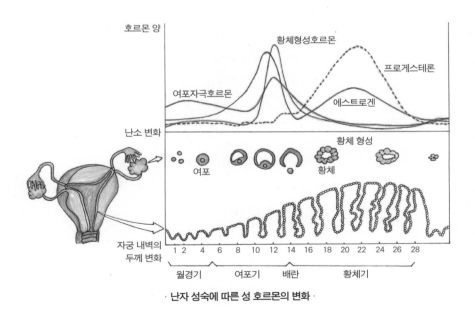

· 난자 성숙에 따른 성 호르몬의 변화 ·

그로 인해 네가 나중에 건강한 수정란을 만들 수 있게 되는 거지.

남자는 어떨까? 기본적으로 여성과 거의 비슷해. 일단 수정에 의해서 23번째 염색체 쌍이 XY로 결정되면, 엄마 뱃속의 발생단계에서 정자를 만드는 데 필요한 생식기관이 생기지. 그 생식기관이 정소야. 엄마 뱃속에서 태어날 때, 정소도 난소와 마찬가지로 원시정자를 여포 속에 고이 보관하고 있다가, 사춘기가 되면 남성호르몬의 영향을 받아 정자를 생산하기 시작하지. 여포는 여성에게만 있는 건 아니냐고? 아니야. 남성이나 여성이나 똑같이 여포와 황체가 있어. 과학자들은 처음에는 여성호르몬을 먼저 연구했나봐. 그래서 여포자극호르몬, 황체형성호르몬 등의 이름을 붙였는데 남성의 성 호르몬도 연구해보니 여성이랑 똑같더라는 거야. 여성과 마찬가지로 뇌하수체에서 만들어진 여포자극호르몬에 의해서 원시정자가 성숙되고, 황체형성호르몬에 의해서 황체가 생기더라는 거지. 다만 여포와 황체에서 생기는 호르몬의 종류만 다른 거야.

여성의 경우 에스트로겐과 프로게스테론이 만들어졌는데, 남성은 안드로겐이라는 호르몬이 만들어져. 안드로겐에는 여러 종류가 있는데 그중에서 우리가 일반적으로 알고 있는 남성호르몬이 테스토스테론이야.

정자와 난자가 만들어지는 건 모두 감수분열을 통해서잖아. 똑같은 감수분열이긴 한데 조금 다른 감수분열의 과정을 거치지. 우선 태어날 때부터 달라. 원시정자와 원시난자 둘 다 여포 속에 들어 있는 건 똑같은데 남성은 그냥 원시생식세포, 즉 46개의 염색체를 가진 상태로 태어나지만, 여성은 감수분열 중 제1분열기가 일어나다 정지된 상태, 92개의 염색분체를 가진 상태로 태어나. 그것만 다른 건 아니야.

남성의 경우 정소에 있는 생식세포가 일반적인 감수분열을 통해 4개의 딸세포를 만들지. 거기에다가 운동하기 위한 꼬리를 만드는 과정이 더 필요한 거고. 정소에서 다 만들어진 정자는 저장기관인 부정소로 이동해서 꼬리가 만들어지면서 완전해지는 거야.

하지만 난자는? 엄마가 그랬지? 난자는 정자보다 훨씬 크다고. 그리고 수정란을 형성할 때 정자는 딸랑 23개의 염색체만 집어넣고는 끝이라고. 그럼 수정란이 자라는 데 필요한 영양분을 누가 공급하느냐? 나중에 탯줄이 생기면 엄마의 혈액으로부터 영양분을 공급받지만 초기에는 난자 스스로 해. 영양분을 공급하려면 많은 걸 가지고 있어야 하잖아. 그래서 원시난자가 성숙하면서 분열하는 과정에서 하나의 딸세포에게 모든 영양분을 몰아줘. 이게 여포가 원시난자를 성숙시키는 과정에서 하나의 난자만 선택하는 건데, 영양분을 하나의 딸세포에다가 몰아주니까 나머지 3개의 딸세포가 생기기는 하는데 자라지 못하고 퇴화되는 거지.

그런데 말이야. 남성에게는 여성호르몬이라 불리는 에스트로겐이 없을까? 여성에는 남성호르몬인 안드로겐이 없을까? 늘 하

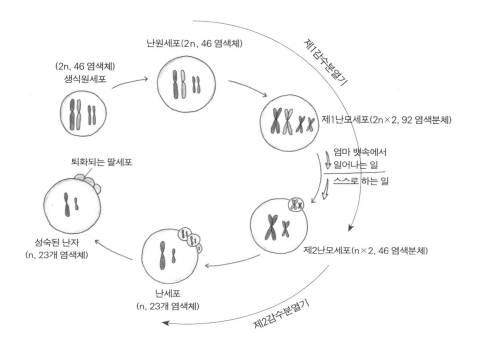

· 난자 형성 과정 ·

나마나 한 질문을 하는데, 둘 다 있지. 여성에게도 안드로겐이 있고, 남성에게도 에스트로겐이 있지. 그냥 여성의 경우 에스트로겐 농도가 안드로겐 농도보다 훨씬 높고, 남성의 경우도 안드로겐 농도가 에스트로겐보다 훨씬 높은 것뿐이지. 그것만 있는 줄 알아? 여성호르몬의 대명사인 에스트로겐은 안드로겐을 이용해서 만들어져.

사람이야 수정될 때 이미 엄마 뱃속에서 유전자에 의해 성이 결

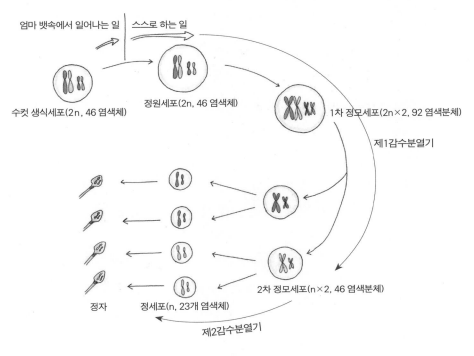

· 정자 형성 과정 ·

정되어서 성별이 명확하지. 하지만 유전자에 의해 성이 결정된다
고 해서 모든 게 해결되는 건 아니야. 엄마가 봄만 되면 노래하는
수컷 카나리아 얘기를 했잖아. 수컷만 노래를 한다고. 봄이 되어
일조량이 늘어나면 수컷 카나리아의 안드로겐 농도가 높아지면서
구애 행위를 하라고 시키는 거야.

  그럼 이런 생각을 해볼 수 있지 않겠어? '암컷 카나리아에게 안
드로겐을 주사해서 농도를 높이면 암컷도 노래할까?'라는 생각.
누군가 궁금하니까 실험을 해봤겠지. 그래서 암컷 카나리아에게 남성 호르몬인 안드로겐을 주사해봤더니 암컷이 노래를 하더라는 거야. 이거 이상하지 않아? 이미 유전자에 의해서 성이 결정되었는데 호르몬 농도에 따라서 행위가 달라지는 거잖아.

너로 인해 아마 100번쯤 봤을 영화. 〈니모를 찾아서〉. 엄마는 볼 때마다 상상했던 장면이 있어. 마지막에 니모 아빠(말린)가 잃어버렸던 니모를 찾잖아. 말린을 본 니모가 "아빠~~~" 하고 외치지. 그러면 너는 그 장면에서 손뼉을 치면서 환호하곤 했었는데, 엄마는 늘 그 다른 장면을 상상했어. 아빠인 말린이 드디어 커밍아웃을 하는 거야. "니모야~ 나, 아빠 아니야. 엄마야!"라고. 니모는 흰동가리라는 물고기인데, 얘들은 여러 마리가 말미잘 근처에서 무리를 이루면서 살지. 그런데 늘 제일 힘이 센 물고기가 엄마가 돼. 그러다가 엄마가 죽으면? 그 다음 힘센 수컷이 암컷이 되거든. 그러니까 니모 엄마가 죽는 순간부터 아빠였던 말린은 암컷으로 변해 이미 엄마가 되어 있었다는 거지.

흰동가리만 그런 거 아니야. 다시 〈쥬라기 공원〉으로 돌아가 보자. 모기가 빨아먹은 공룡 피에서 공룡의 유전자를 뽑아내지만 완벽하지 않은 거야. 그래서 양서류인 개구리의 DNA를 참고해서 부족한 부분을 채우지. 그러면서 공룡을 부활시킨 과학자들은 확신해. 암컷만 만들었기 때문에, 자기들끼리 번식하는 건 불가능하다고.

그런데 영화 속에는 이미 자기들끼리 번식하는 장면이 나오지. 그걸 본 공룡전문가 그랜트가 하는 말이 있지. "양서류의 성은 부화할 때의 온도에 의해서 결정된다. 온도에 의해서 남성호르몬 또는 여성호르몬이 분비되어서 어떤 건 암컷이 되고 어떤 건 수컷이 된다. 그러니까 양서류의 DNA를 일부 가진 공룡이니까 가능한 일이다"라고. 물론 내용적으로 다 맞는 건 아니지만, 적어도 양서류의 성이 부화 당시의 온도에 의해서 결정되는 건 맞는 얘기야. 결국 성이 유전자에 의해 결정되어도 자손을 남기기 위한 행위는 호르몬에 의해서 바뀔 수 있다는 거잖아.

너도 마찬가지야. 이미 너에게 XX라는 여성의 성염색체를 줬지. 그리고 엄마 뱃속에서 제1분열기 일부만 마친 한 상태로 네가 태어나. 하지만 여포 속에 있는 원시난자의 성숙을 통해 완전한 난자를 만드는 건 네 몸의 호르몬이 해야 하는 일이지.

만약 여포자극호르몬, 에스트로겐, 황체형성호르몬, 프로게스테론이 정상적으로 작용하지 않는다면? 혹은 유전적 문제로 인해 아니면 다른 이유로 인해 극히 소량 존재해야 하는 안드로겐의 농도가 에스트로겐보다 높아진다면? 그건 네가 다음 세대에 자손을 남길 확률이 매우 낮다는 것을 의미하지. 네 몸에서 저절로 짜증이 증폭되는 시기. 그 시기가 나타난다는 건 네가 아주 건강하게 자손을 나을 수 있다는 명백한 증거가 아니겠어? 엄마는 너에게 그런 위대한 호르몬을 준 거지. 자기들끼리 적당한 힘겨루기를 통해 건강한 난자를 만들 수 있는 그런 호르몬을 말이야.

이 얼마나 위대한 선물이냐? 그 선물은 미토콘드리아 이브가 될 수 있는 가능성을 열어준 선물인 거지. 그러니까 그 정도의 짜증은 참아줄 수 있어. 그리고 지금은 연습이니까 시간이 지나 익숙해지면서 나아질 테니까. 그리고 중요한 건 네가 스스로 짜증이 증폭되는 시기를 알고 있다는 거야. 알고 있으니까 '아~ 오늘은 조심해야지'라고 생각할 수 있는 거지. 다만 그걸 아직 네 남동생이 몰라서 걱정이지.

스스로를 지키는 방어시스템

〈아웃브레이크〉. 네가 태어나기도 전인 1995년에 개봉한 영화를 또 얘기하련다. 사실 그 이후에도 바이러스와 관련된 새로운 영화들이 많이 나왔지만, 엄마가 이렇게 고전인 영화를 고집하는 이유는 조슈아 레더버그가 한 말 때문인 거 알지? "인간이 지구상에서 거대집단(dominance)을 이루고 살아가는 데 유일하게 가장 큰 위협은 바이러스이다"라는 문구. 엄마는 저 말의 의미를 이렇게 해석해. "모든 생물체의 살아가는 방식은 다르나 서로 관계를 맺고 있다. 인간과 바이러스도 밀접한 관계를 맺고 있는데, 이 둘의 관계에서는 서로 죽이고 살아남으려는 생존전략이 되풀이되어 나타난다. 그 결과 어느 순간에 바이러스가 승리하면 질병으로 인해 사람의 숫자가 줄고, 인간이 승리하면 바이러스 숫자가 줄게 된다"라고.

제러드 다이아몬드(Jared Diamond)라는 사람이 쓴 『총, 균, 쇠』라는 책이 있어. 또 책 얘기 하려고. 엄마가 그랬잖아. 세상에는 아주 다양한 현상처럼 보이는 것을 짧은 문장으로 통찰하는 뇌섹남들이 있다고. 제러드 다이아몬드는 인류문명 발달의 과정을 총(무기), 균(질병), 쇠(철)이라는 세 가지 단어로 정의했지. 이 세 가지로 인해서 어느 민족은 잘살고, 어느 민족은 못살고. 현재 잘사는 사람들은 그들이 태어날 때부터 유전적으로 우월한 게 아니라, 결국 환경에 의해서 그렇게 되었다는 얘기를 이 책을 통해서 해. 그런데 그중 하나가 '균'이야. 질병이라는 얘기지. 그것도 외부 침입자인 '균'에 의해서. 실제로 인류 역사에 있어서 가장 많은 사람이 죽은 건 전쟁 때문이 아니라 질병 때문이야. 페스트가 그러했고, 스페인 독감이 그러했으며, 천연두가 그러했지. 그래도 우리는 살아남았잖아. 이제 그 죽이고 살아남으려는 관계에 있어서 살아남은 미토콘드리아 이브의 후손인 엄마가 준 최고의 선물이 뭔지 알려주마! 궁금한가?

네가 어느 날 아침에 팅팅 부은 얼굴로 이가 아프다고 했잖아. 그건 네 잇몸에 균이 자라서 염증이 생긴 거지. 나쁜 균이라고? 나쁜 균이지. 하지만 모든 균이 나쁜 균은 아니잖아. 우리 몸에 얼마나 많은 균이라고 총칭하는 생물이 살고 있는데 다 나쁘다고 말할 수 있겠어? 우리 장에만 무려 1kg의 균이 있다고. 장에 있는 세균들이 얼마나 많은 도움이 되는데 다 나쁘다고 말할 수 있어? 그럼 나머지는 어디 있느냐? 온몸에 퍼져 있지. 팔에도 있고, 입 안에도 있지.

평소에 애들은 우리 몸에 아무런 해를 끼치지 않고 우리 몸에서 잘 살고 있지. 그건 우리 면역체계가 '넌 여기까지만 자라' 하고 선을 그어줘서, 우리는 걔들이 우리 몸에 사는지도 모른 채 살고 있는 거지. 그렇다고 애들이 그냥 우리 몸을 빌려서 살고만 있는 건 아니야. 애들이 적당히 있으므로 인해서 정말 다른 나쁜 균들이 침입하는 걸 막아주기도 한다는 거지. 그러니까 우리 몸에 살고 있는 수많은 미생물들은 평소에는 우리 몸의 방어체계 중 하나야. 정말 나쁜 미생물이 못자라 게 하는. 우리 피부에 살고 있는 적당한 다른 종류의 균들. 그게 곰팡이일 수도 있고, 박테리아일 수도 있지. 보통 인체의 방어시스템을 얘기하면 우리 몸에 공존하는 미생물을 빼고 얘기하는데 실제로 이들의 역할은 매우 중요하거든.

그것만 있나? 촘촘한 피부층, 그리고 세포를 이루는 촘촘한 인지질의 세포막. 이 모두가 외부에서 들어오는 나쁜 균의 침입을 막기 위한 방어 시스템이지. 그래도 네 잇몸이 부었다는 건 그 방어선을 뚫고 나쁜 녀석이 들어왔다는 거잖아. 그럼 새로운 방어체계를 가동시켜야지. 기억나니 백혈구? 혈액에 들어 있는? 침입자가 세포 안으로 침투하는 건 쉬운 일이 아니야. 그래서 보통은 세포 밖에서 침입자를 막아내. 기생충 같은 건 세포 안으로 들어가지도 못하고. 그냥 혈액에서 살거나 기관의 세포 사이사이에서 살지. 그래서 백혈구가 달려들어.

우리가 백혈구라고 부르는 세포는 기능에 따라 종류가 매우 다양한데 백혈구 중에서도 침입자를 잡아먹는 종류를 대식세포라고 하지. 대식세포는 침입자의 종류에 상관없이 마구 잡아먹어. 표현이 먹는다고 해서 영양분으로 쓰자고 먹는 게 아니야. 죽이려고 잡는 거지. 이를 식세포 작용이라고 하는데, 우리가 하나로 부르는 대식세포도 주어진 임무에 따라 종류가 다양해. 너는 세균 담당, 너는 기생충 담당. 이렇게 말이야. 그런데 일단 잡아먹으면 파괴를 해야 되잖아. 그 파괴하는 역할을 하는 게 대식세포 안에 있는 리소좀이야. 리소좀. 기억나니? 엄마가 은근슬쩍 기능을 얘기했던 리소좀? 이 이름의 기원이 재미있어. lysis라는 그리스어에서 왔는데, '느슨하게 하다'라는 이런 뜻이야. 얘가 느슨하게 하는 게 뭐냐는 거지. 잡아먹은 외부 침입자의 단백질, DNA, 세포벽 등을 분해해서 느슨하게 만드는 거지.

사실 리소좀은 외부 침입자만을 분해하는 건 아니야. 우리 몸에서 필요할 때마다 도구를 만들었다가 다 쓰고 남은 도구를 파괴하는 일도 해. 그러니까 리소좀은 만능 분해효소 패키지라고 할 수 있어. 모든 세포에 다 리소좀이 있지만, 대식세포에 유달리 많은 거지.

그런데 이거 말고도 대식세포의 아주 중요한 역할이 있어. 침입자를 잡아먹고 분해하면서 메시지를 남기는 일이야. "내가 이런 애를 잡아먹었어. 그러니까 너희들이 빨리 도와줘"라는 메신저 역할을 해. 너의 지금 팅팅 부은 잇몸은 바로 대식세포들이 열심히 싸우는 전쟁터지. 열나고 염증으로 아픈 게 침입자를 죽이고 있다는 표시고, 도와달라는 표시야. 그 전쟁터를 뚫고 나온 소중한 메시지. 그 메시지가 우리의 면역체계에 전달돼.

그런데 메시지를 어떻게 전달하느냐? 대식세포는 "내가 잡아먹은 세균은 이런 항원을 가진 애다"라고 세포 표면에다가 항원을 매달아. 항원이 뭐냐고? 침입자가 가지고 있는 특정한 단백질이나 독성 등 자기 몸에 있는 게 아닌, 외부에서 온 모든 물질을 항원이라고 해. 그러면 항원의 종류를 인식한 T세포가 감염된 세포를 죽이는 T세포를 마구 만들라고 메시지를 전달하고, 한편으로 세포 표면의 항원을 정확하게 인식하는 새로운 방어체계를 가동시키지. 침입자가 세포 안으로 침투하는 건 쉬운 일이 아니라면서 감염된 세포를 죽이는 T세포를 얘기한다고? 응. 쉬운 일이 아니라고 했지, 일어나지 않는다고는 안 했어. 주로 어떤 침입자가 세포 안으로 침투하겠어? 바이러스지. 바이러스는 반드시 세포 안으로 들어가야지만 살 수 있잖아. 그리고 사실 엄마가 T세포라고 부르는 면역세포도 감염된 세포를 죽이는 T세포(T_K), 이렇게 생긴 항원에 꼭 맞는 항체를 만들라고 전달하는 T세포(T_H) 등 그 종류가 다양해. 어찌되었든 항원을 전달하는 T세포에 의해 가동되는 방어체계가 B세포가 만드는 항체야. 만들어진 항체는 아무 항원에나 달라붙는 게 아니라 정확하게 특정 항원만을 인식하는 놀라운 능력을 가지고 있는데 이 항원/항체 반응은 정말 강력한 무기체계라고 할 수 있어.

이게 강력한 무기체계가 될 수 있는 가장 큰 이유는 파괴해야 하는 목표물이 무엇인지, 어디에 있는지 명확하게 알려주기 때문이지. 적이 눈에 빤히 보이면 쉽게 공격할 수 있잖아. 항체가 항원에 결합하면서 "여기 파괴해야 하는 침입자가 있다!"라고 외치면 거기로 파괴를 담당하는 면역세포들이 우르르 달려가서 마구 잡아먹는 거지. 항체 그 자체가 침입자를 파괴하는 능력을 가지고 있는 것은 아니야. 일단 항원에 달라붙어서 침입자를 무력화시키고 정확하게 목표물을 알려주는 게 가장 중요한 임무지. 이렇게 대식세포, T세포, B세포들이 합동으로 침입자를 제거하지. 우리 몸은 침입자가 완전히 제거될 때까지 지속적으로 무장하면서 싸우는 거고.

농담으로 하는 얘기 중에 감기 걸렸을 때 병원 가면 7일, 안 가면 일주일 이런 말이 있잖아. 감기는 바이러스가 원인인데, 바이러

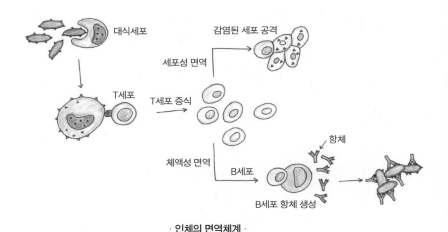

· 인체의 면역체계 ·

2. 난 너에게 최고의 선물을 줬어!

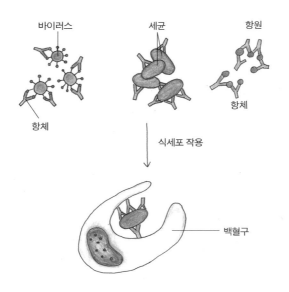

바이러스　　세균　　항원

항체　　항체

식세포 작용

백혈구

· 항체에 의한 항원 인식과 식세포 작용 ·

스에는 치료약이 없어. 워낙 빨리 변하니까. 오로지 우리 인체 방
어시스템이 바이러스를 막는다고 해도 과언이 아니야. 그런데 우
리 몸이 반응해서 완벽한 무기로 장착하고 전쟁터에 뛰어들려면
시간이 필요하잖아. 그래서 일주일이란 표현을 쓰는 거야. 잡아먹
고, 도와달라고 구조요청하고, 그 구조요청을 받아 특정 항원에 대
항하는 항체를 만드는데 그만큼의 시간이 걸린다는 거야.

　그것만 있는 줄 아니? 애들은 기억도 해. 예를 들어 어느 날 바
이러스가 들어왔어. 열심히 싸우겠지. 살아남았다면 승리한 거겠
지. 근데 그걸로 끝이 아닌 거야. 기억을 하지. 이런 녀석이 다음에
또 들어오면 더 빨리 방어체계를 구축할 수 있도록 말이야. 이런

우리 인체의 원리를 이용한 게 백신이지. 태어나면서부터 맞는 백신이 최소 7가지는 되고, 경우에 따라 추가로 선택해서 맞는 것도 있어. 약화된 바이러스나 바이러스의 특정한 항원을 일부러 우리 몸에 넣어 그 바이러스를 기억하게 하는 거지. 한 번으로 안 되어서 B형 간염백신처럼 3번을 맞는 경우도 있고. 뭐 이 정도면 엄청난 시스템을 준 거 아닌가?

'인간이 지구상에서 거대집단을 이루고 살아가는 데 가장 유일한 위협적인 존재는 바이러스다'에는 엄마가 준 이 엄청난 방어시스템을 교묘하게 피할 수 있다는 것을 단적으로 보여주는 내용이 있어. '가장 위협적인 존재', 그게 바이러스라는 거지. '인류를 멸망시키는 존재'가 아닌 '위협적인 존재'. 이는 우리 방어체계가 일부 방어할 수 있기는 하지만 완전히 방어하지는 못한다는 얘기이기도 하지만, 멸망시킨다는 표현을 사용하지 않은 것을 보면 우리는 끝내는 승리를 할 수도 있다는 거잖아.

사실 우리가 가진 방어시스템이 모든 균을 물리칠 수 있다면, 질병이라는 건 다 사라져야 되고 바이러스를 포함한 병원균은 다 사멸되어야 하잖아. 그런데 현실은 그렇지가 않아. 다시 HIV를 들여다보자. HIV가 공격하는 세포가 T세포야. T세포 중에서도 침입자의 항원을 인식해서 B세포한테 메시지를 전달하는 T세포야. 그런 세포가 공격을 당한거지. 그러니까 HIV에 대한 항체도 못 만드는 거고. 그것만 못하나? 그 결과 다른 병원균의 항원도 잘 인식하지 못해 항체를 생성하라는 메시지도 전달하지 못하니까, 전체적인 방어체계가 무너지는 거지. 그래서 HIV를 면역결핍 바이러스라고 부르는 거야. 단지 자기만 안 잡아먹히는 게 아니라 사람의 면역체계 전체를 저하시키기 때문에.

물론 레더버그가 이런 말을 할 당시에 바이러스의 놀라운 능력을 다 알지는 못했겠지만 지금 이 시점에 엄마가 이렇게 그 문구를 계속 꺼내는 이유는 바이러스의 그 놀라운 능력을 설명하기 위해서지. 사실 HIV만 해도 마구 증식해서 T세포를 전부 파괴시키는 것이 아니라 그냥 조용히 숨어 있다가 적당히 증식하고, 또 가만히 있다가 적당히 증식하거든. 결코 자기가 침입한 인체를 완전히 파괴하지 않아. 이런 걸 '노예전략'이라고 해. 맞아. 인체가 바이러스의 노예가 되는 거지. 그러니까 면역파괴가 아닌 면역결핍이라는 표현을 쓰는 거고.

자궁경부암 예방백신이 있어. 이 백신은 자궁경부암을 일으키는 인유두종바이러스(HPV: Human Papilloma Virus)에 대한 백신인데, 이 녀석도 비슷한 전략을 써. 인유두종. 이름도 어렵지? 사람의 젖꼭지(유두)처럼 볼록 올라온 종양이란 뜻이야. 사마귀 같은 거지. 인유두종바이러스는 인체의 대표적인 항암 단백질인 $p53$을 노려. 원래 $p53$은 세포가 이상하게 증식하는 것을 억제하는데, 그래도 세포가 이상하게 자라면 스스로 자살하게 만드는 단백질이야. 기억하니? 세포자살(Apoptosis)? 세포가 잘못 되면 스스로 자살하는 거. 이걸 조절하는 게 $p53$이야. 정상 $p53$이 뭔가에 의해 배신자 p53이 되면 세포자살이 안 일어나겠지. 인유두종바이러스는 바로 정상 p53을 공격해서 배신자로 만들어. 그러면 죽어야 되는 세포가 안 죽으니까 사마귀 같은 덩어리가 생기는 거지. 그게 자궁에 생기는 게 자궁경부암이야.

이 인유두종바이러스는 자기가 오래오래 살려고 정상세포를 암세포로 만들어 계속 살게 만드는 전략을 쓰는 거지. 이런 바이러스가 숙주인 인간을 그냥 다 죽여 버리면 자신이 살아갈 숙주세포가 없어지는 거잖아. 바이러스는 스스로 증식할 수 없으니까 숙주세포가 없다는 것은 자신의 사멸을 의미하기도 해. 그러니까 적당히 노예로 전락시켜 부려먹는 거지.

왜 이런 바이러스에 대해서 치료약을 만들지 않느냐고? 안 만드는 게 아니고 못 만들어. 너무 빨리 변하거든. 감기약이 있어? 아니 없어. 그냥 증상완화야. 그건 너무 빨리 변해서 약을 만들어봐야 아무 소용이 없기 때문이지. 만들면 또 변하고, 만들면 또 변하고. 약 만드는 속도가 도저히 바이러스의 변화속도를 못 따라가는 거지. 물론 일부 만들어서 사용하기도 하지만 그 자체가 세균을 죽이는 항생제처럼 효과가 뛰어나지는 않아. HIV에 대한 치료제가 있기는 한데 바이러스를 죽이는 게 아니라 바이러스 활동을 약화시키는 약일뿐이야.

하지만 말이야 인류의 역사, 아니 그 이전 생물의 역사를 보면, 수많은 종이 태어났다가 사멸했지. 분명한 건 살아남은 종이 있다는 거야. 인류만 봐도 미토콘드리아 이브가 있었고 네안데르탈인이 있었는데, 결국 미토콘드리아 이브만 살아남은 거잖아. 살아남으면서 겪어왔던 수많은 질병에 대한 방어체계를 구축해왔고. 물론 병원균들도 살아남기 위해서 또 다른 전략을 가지고 달려들겠지. 그럼 또 인류도 새로운 방어체계를 구축해 나갈 거고. 레더버그가 말한 '거대집단'으로 살다가 공격을 당하겠지. 그러다가 어느 순간에 일부는 죽기도 하고 일부는 살아남아 개체수를 늘려 가는 거지. 그렇게 살아남을 수 있는 원동력이 뭘까? 바로 엄마가 준 면역체계인 거지.

그런데 이 시점에 중요한 질문을 하나 해야 하는 거 아닌가? 어떻게 우리 몸의 방어체계는 침입자만 죽이는지. 우리 세포를 죽일 수도 있잖아? 엄마가 조직적합도가 어쩌고저쩌고 하면서 장기이식이란 골치 아픈 문제라는 얘기를 했어. 그게 바로 우리 면역체계가 자기세포와 남의 세포, 또는 외부 침입자를 정확하게 구분하기 때문에 발생하는 문제지. 아무리 네가 나의 자손이라고 해도 유전적으로 다르잖아. 같은 엄마 아빠로부터 유전자를 물려받은 형제자매 간에도 조직적합도가 일치하기는 쉽지 않아. 우리 면역체계는 그 미세한 차이까지도 구분하는 거지. 즉 너의 세포는 나와는 다른 것이라고. 그래서 이식된 장기의 조직적합도가 낮으면 우리 몸의 방어체계가 달려들어 이식된 기관을 파괴시켜버리거든. 그래서 이식이 골치 아픈 것이긴 하지만, 또 한편으로는 그렇기 때문에 우리가 침입자로부터 우리를 지킬 수 있는 거지.

근데 근본적으로 면역세포들이 어떻게 구분하겠어? 그건 공부의 힘이야. 침입자를 파괴하는 데 관여하는 세포들은 아직 기능이 부여되지 않은 조혈모세포로부터 만들어지는데, 골수나 가슴샘에 조혈모세포가 있지. 아직 기능이 부여되지 않은 세포니까 '너는 항원을 전달해주는 T세포가 되어라.', '너는 항체를 만드는 B세포가 되어라.'하면서 임무를 줄 거잖아. 그 임무를 줄 때 공부를 시켜. '너의 임무도 중요하지만 그에 못지않게 자기세포를 파괴하지 않는 것 또한 중요하다!'라고. 그래서 자기세포를 항원으로 인식하지 못하게 하는 공부를 시키는 거지.

그 결과 공부를 열심히 한 면역세포들은 자기세포를 파괴하지 않는 거야. 그런데 꼭 교육시키다 보면 말 안 듣는 녀석들이 있잖아. 그래서 얘들이 공부를 열심히 했는지 한 번 더 확인을 하지. 그 확인과정에서 자기세포를 파괴하는 능력을 가진 녀석이 발견되면 파괴해버려. 그런데 수업시간에 땡땡이치고, 공부 잘했는지 확인하는 숙제검사 시간도 교묘하게 빠져나가 자기세포를 잡아먹는 녀석들이 가끔 생기지. 그런 녀석들로 인해 생기는 질병이 자가면역질환이야. 대표적으로 류마티스 관절염을 들 수가 있어. 그래도 이런 일들이 일반적으로 나타나는 건 아니잖아. 보통은 자기세포를 충분히 잘 구분해서 침입자만 격렬하게 전사시키는 거지. 그러니까 병원균은 우리를 멸망시키는 존재가 아닌 위협하는 존재일 뿐인 거야. 위대한 방어체계 때문에.

이 아픈 건 좀 나았니?

약 먹어 부기도 가라앉았고, 아픈 것도 줄어들었겠지.

치료 받았으니 이제 괜찮아질 거야.

그래 다행야다. 아픈 게 나아서 다행인 게 아니라,

아픈 걸 느낄 수 있어서 다행이라고

말하는 거라는 걸 아니?

딸이 아파서 다행이라니 이게 무슨 소리냐고?

불량한 엄마라도 너무 심한 거 아니냐고?

흥분하지 말고 들어봐봐.

아프다는 건 네 몸에서 일어나는 신호를

네가 인지한다는 거잖아.

통증이 없으면 아픈지도 모르고,

병원에 갈 생각도 안 할 거잖아.

그러니까 통증은 '내가 아프니까

빨리 병원에 가라.'라고 몸이 알려주는 거지.

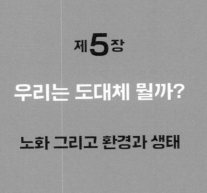

제5장

우리는 도대체 뭘까?

노화 그리고 환경과 생태

"넌 도대체 뭐니?"

"사람, 그럼 엄마는 뭔데?"

"엄마도 사람이지."

우리는 이런 대화를 너무 많이 주고받았다. 선문답 같은 이 얘기들에 대한 답이 결국은 사람이었고, 결국은 생명체였지. 그래. 이 선문답 같은 질문을 통해 힘들 것 같았던 사춘기 딸과 불량엄마의 간극이 조금은 좁혀졌을까? 안 좁혀졌을지도 몰라. 하지만 적어도 형이하학적 사고를 가진 불량엄마는 너와 대화할 수 있는 시간이 주어졌다는 게 진심으로 다행이라 생각해.

네 머릿속에 무슨 생각이 들었는지는 알 수 없어도, 이 불량기 가득한 엄마의 도발적 질문으로 인해 나를 향한 너의 말문이 트이기 시작했잖아. 침묵은 아닌 거지. 그래서 이 시점에서 처음 너에게 했던 질문으로 다시 시작하려고 해. 너는 도대체 뭐니? 아니, 이제는 질문을 좀 바꿔야 할지도 몰라. 말문이 트였으니 "너는 도대체 뭐니?"가 아니라 "우리는 도대체 뭘까"로…….

생쥐가 물었다
"내 유전자로 뭘할 거니?"

"엄마, 우리는 사람인데 휴먼게놈프로젝트로 사람의 염기서열을
다 아는데 왜 자꾸 생쥐의 유전자가 어떻고, 무슨 엘레강스가 어쩌
고저쩌고, 초파리가 어쩌고저쩌고 해?"

아침식탁에 앉자마자 터져 나오는 질문에 갑자기 당황했다. 띵
띵 부은 얼굴도 아니고, 잠이 덜 깬 얼굴도 아니고, 어떻게 이렇게
청명한 얼굴로 질문을 하는 거지?

"과학 숙제인데 못 했어"라는 너의 대답에 그럼 그렇지 하는 얼
굴로 빤히 쳐다보니 또 튀어나온다.

"그렇게 보지 마. 나도 생각은 있다고. 다만 아직 정리가 안 되었
을 뿐이야."

그게 끝이다. 이 엄마가 덜 불량했으면, 그렇게 티 나게 빤히 쳐다보지 않았을 텐데……. 너무 티 나게 쳐다봐서 대화가 끝나버렸다. 너는 오늘도 '사춘기 딸래미 잘 키우기 대책' 밥상을 무시하고 그냥 가버렸다. 이 엄마에게는 '사춘기 딸래미 잘 키우기 대책' 밥상보다 '사춘기 딸래미 얘기 잘 들어주기 대책'이 더 필요한데, 엄마는 불량이라서 그걸 못하니……. 그걸 알면서도 못하는 불량한 엄마와 그 눈빛 한번에 자리 박차고 일어나는 너. 우리는 도대체 뭐니?

100세 시대. 진시황이 그렇게 찾고 싶어했던 불로초. 왜 진시황은 불멸을 원했을까? 아픈 게 두려워서? 아니면 자신이 누리는 권력을 놓기 싫어서? 죽는 게 두려워서? 엄마는 이런 형이상학적인 거 모른다고 했지? 그냥 형이하학적인 질문을 할 거야. 불로초, 영원히 늙지 않게 하는 약이잖아. 근데 이상하지 않니? 불멸을 원했으면서 왜 불로초를 찾았을까? 불사초가 아니라. 아니 죽지 않는 걸 찾아야지 왜 늙지 않는 걸 찾느냐고. 그거야 젊은 게 좋으니까? 그래야 안 죽으니까? 젊다고 안 죽나? 젊다고 병에 안 걸리나? 그리고 얼마나 젊은 게 좋은데? 늙는다는 게 죽음을 의미하는 건 아니잖아.

노화는 단지 죽음에 이르는 확률을 높일 뿐이지 노화 그 자체가 죽음을 의미하지는 않잖아. 불행히도 젊은 나이에 질병으로 인해 사망한 사람들이 얼마나 많은데. 진시황은 바보처럼 불로초를 찾았다니? 찾으려면 불사초를 찾아야지. 지금의 우리는 진시황이 찾았던 불로초가 아닌 불사초를 염기서열에서 찾고 있는지도 몰라. 유전적 질병으로 아픈 사람들, 병원균에 감염되어서 아픈 사람들, 암에 걸려 아픈 사람들. 그 이유가 다 유전자에 있고, 모든 유전자를 알면 질병들을 치료할 수 있다고 생각하니까.

오랫동안 그 유전자의 열쇠를 찾게 도와준 생물들이 네가 말한 생쥐, 어쩌고 엘레강스(꼬마선충, *C. elegans*), 초파리야. 이런 생물체들이 대상이 될 수 있었던 몇 가지 이유가 있지. 일단 세대가 짧아야 돼. 사람처럼 30년이나 되는 세대를 가지고 번식하면 유전자의 변화를 금방 볼 수 없어. 자손을 많이 낳는 생물이어야 다양한 유전적 변화를 쉽게 볼 수 있지. 그렇다고 사람을 대상으로 유전자를 넣어 발현시키거나 할 수는 없잖아. 그래서 저 생물들을 선택했지. 꼬마선충은 사멸 주기가 3주밖에 안 되기 때문에 어떤 유전자를 없애거나 기능을 못 하게 만들었을 때 생기는 변화를 금방 알 수 있지. 초파리도 비슷해. 초파리는 알에서 성충이 되는 데 10일밖에 안 걸려.

혹시 기억나니? 모건이라는 사람이 대립유전자 개념을 초파리 가지고 밝혔다고 했던 얘기? 이 책 앞부분에 있어. 그런데 꼬마선충으로 연구해서 밝혀진 유전자를 사람에게서 찾아보니 역시나 있고, 초파리에서 실험한 유전자를 사람에게서 찾아보니 마찬가지로 있더라는 거야. 하물며 같은 포유류인 생쥐는 어떻겠어? 당연히 있는 게 대부분이겠지. 그래서 많은 종류의 생쥐들을 만들었어. 당뇨병에 걸린 쥐, 유방암에 걸린 쥐, 신경세포에 이상이 있는 쥐, 비만 쥐. 이런 쥐들을 만들어서 수많은 실험을 했지. 당뇨병에 걸린 쥐에 이런 약물을 넣어서 실험해봤더니 효과가 있더라. 면역이 결핍된 쥐에게 AZT라는 약물을 투입했더니 효과가 있더라. 그래서 HIV에 감염된 사람들한테 지금도 치료제로 사용되고 있지.

"바이러스에 대한 치료제는 없다면서?" 완전한 치료제는 없지. 다만 일부 죽일 뿐인 거지. 에잇, 질문 때문에 이야기가 삐딱선을 탔네. 다시 돌아가자. 위암에 걸린 쥐에게 새로 개발한 항암제를 투여했더니 효과가 있더라. 결국 쥐는 사람들을 대신해서 임상의 대상이 되고 있는 거지. 또 당뇨병에 걸린 쥐에다가 인슐린 유전자를 발현시켰더니 정상적으로 인슐린이 분비되어 당뇨병이 호전되더라는 유전자 치료까지도. 사람 질병의 원인, 질병을 치료하기 위해 개발된 모든 재료들과 방법들이 사람에게 적용되기 전에 늘 생쥐에게 먼저 적용되어왔지. 그렇게 초파리, 꼬마선충과 생쥐의 유전자를 가지고 불사초를 찾는 작업을 해오고 있는 거지.

그러다가 어느 날 사람의 염기서열을 모조리 알게 되면 더 쉽게 질병을 치료하고, 더 쉽게 눈이 어떻게 생기는지, 왜 일정한 나이가 되면 성에 관련된 호르몬이 발현되는지 등을 더 구체적으로 알 수 있을 거라 생각했지. 왜냐면 생쥐의 염기서열을 가지고 실험을 해보기는 했으나 우리가 눈으로 보기에 사람과 생쥐는 완전히 다르잖아.

엄청난 염기서열의 차이를 보일 거라고 생각했지. 그 염기서열을 다 알면 더 쉽게 질병을 치료할 수 있을 테니까. 그래서 거금을 들여 야심차게 휴먼게놈프로젝트라는 것을 시작했지. 그것도 과학 분야의 선두주자인 미국, 영국, 일본, 독일, 프랑스가 연합해서 말이야. 얼마나 궁금했겠어? 길게 늘여놓으면 2m나 되는 염기서열 안에 사람이라는 특별한 존재를 만드는 유전자가 얼마나 많을지. 과학자들이 궁금증을 해결하기 위해서 얼마나 열심히 연구를 했는지, 당초 5년 이상 걸릴 거라는 예상을 깨고 2년도 안 되어서 다 끝내버렸어. 그런데 결과는 충격적이었지. 과학자들은 적어도 10만 개 정도의 유전자가 있을 거라고 생각했는데 놀랍게도 3만 개 정도밖에 안 되더라는 거야.

이건 우리가 가진 DNA의 1~1.5%밖에 안 되거든. 그럼 나머지는 다 뭐냐는 거지. 또한 3만이라는 숫자. 그 자체도 사람들에게는 충격이었어. 네가 말하던 생쥐와는 고작 수백 개 차이에 불과하고, 1mm 크기밖에 안 되는 꼬마선충에 비해 약 2배, 초파리와도 약 2배 정도밖에 차이가 안 나더라는 거지. 꼬마선충은 약 1만 8천 개 정도의 유전자를 가지고 있고, 초파리는 약 1만 3천 개의 유전자를 가지고 있어. 그럼 나머지는? 과학자들은 그래서 유전자가 아닌 이 수많은 부분을 정크 DNA(Junk DNA)라고 불러. 불량식품을 정크 푸드라고 부르는 것처럼 아무 기능이 없는 저 수많은 염기서열을 가지고 있더라는 거지.

저 정크 DNA가 도대체 뭘 하는 걸까? 우리 생명체가 아무 이유도 없이 98%에 이르는 아무 의미 없는 염기서열을 수백만 년 동안 진화하면서 가지고 왔을까? 그 해답도 아마 생쥐에게서 찾을 수 있을 거야. 그 답은 이미 알고 있는지도 모르지. 많은 과학자들은 그 무의미해 보이는 98%의 염기서열은 3만 개의 유전자 발현을 조절할 거라고 생각하고 있지. 비록 침팬지와 사람이 99%의 유전적 유사성을 보이지만 정크 DNA가 3만 개의 유전자를 이렇게도 발현시키고 저렇게도 발현시켜서 모습이 완전히 다르다고 생각하고 있지. 단지 정크 DNA의 어떤 부분이 어떤 유전자 발현에 어떻게 구체적으로 작용하는지를 모를 뿐이야. 지금도 수많은 연구자들이 지금 그걸 밝히느라 연구를 하고 있겠지.

우리는 아프지 않으려고 수많은 생물의 유전자를 연구하고 치료하기 위한 노력을 계속 해오고 있지. 물론 그 결과물로 지금의 엄마와 너, 우리가 좀 덜 아프게 살고 있는지도. 어찌 보면 엄마가 가장 자신 없는 형이상학적인 부분인 아픔과 죽음에 대한 두려움이 우리를 여기까지 끌고 왔는지도 몰라. 그러면서 더 발칙한 그 빤한 상상을 할 수 있지 않겠어? 나와 똑같은 유전자를 가진 사람을 10명쯤 만들어서 나는 집에서 잠을 자고, 2번은 학교 가서 공부하고, 3번은 오후에 수학학원을 가고 하는 〈멀티플리시티〉 영화 같은 발칙한 상상을.

그것만 할 수 있나? 노화를 막는 유전자를 찾아서 우리 몸에 발현시켜 100세 시대가 아닌 200세 시대를 만들 수도 있지 않을까? 실제로 초파리 유전자로 유사한 실험을 한 적이 있어. 초파리 중에 인디(indy)라는 이름의 초파리가 있어. Indy는 'I am not dead yet.'

의 약자인데, 다른 초파리보다 수명이 두 배나 긴 초파리야. 이런 게 사람한테도 가능하지 않을까? 지금까지 그 해답으로 가는 과정을 네가 말한 생쥐, 꼬마선충, 초파리 등 수많은 다른 생물체들이 일러주었지.

우리가 아는 세포 중에 죽지 않는 세포가 뭐가 있을까? 바로 암세포야. 암세포가 죽지 않는 이유를 알면 노화도 막을 수 있겠지. 맞아. 그래서 수많은 과학자들이 암세포가 안 죽는 이유를 연구하지. 그 결과 해답을 일부 찾기도 했고. 텔로머레이즈(telomerase)라고 들어봤니? 노화의 비밀이라는 제목으로 인터넷을 뒤지면 쉽게 찾을 수 있어. 이름이 텔로머레이즈잖아. '-레이즈'는 효소에 붙이는 이름이니까 텔로미어라는 부분을 합성하는 효소겠지.

텔로미어가 뭐냐? 우리의 DNA는 원형이 아닌 선형인데, 방향성도 가지고 있어. 그 때문에 복제도 일정한 방향으로만 이루어지지. 그러다 보면 선형 DNA의 양쪽 끝은 절대로 복제되지 않아. 그 얘기는 복제를 할 때마다 DNA 길이가 점점 줄어든다는 거지. 그래서 피부세포는 약 50번 복제하면 죽는데, 그게 DNA의 길이가 복제할 때마다 점점 짧아져서 나중에는 정말 필요한 부분이 없어지기 때문이야. 그럼 50번이나 복제하는 동안에는 유전자가 안 없어지나? 이렇게 복제하는 동안 유전자가 없어지는 걸 막기 위한 방어책으로 DNA 말단에 동일한 염기서열을 무지하게 반복시켜 놓았는데 그게 텔로미어야. 그래서 50번쯤 복제하고 나면 텔로미어는 완전히 다 없어지고 세포 생존에 필요한 유전자도 없어져서 세포가 죽어.

그런데 암세포는 무슨 이유에서인지 텔로미어를 복제할 수 있는 특별한 효소를 가지고 있더라는 거야. 만약 우리의 DNA가 선형이 아닌 원형이었어도 이런 일이 생길까? 아니야. 미토콘드리아의 DNA도 원형이고, 박테리아의 DNA도 원형이잖아. 애들은 텔로미어 같은 게 당연히 없지. 원형이기 때문에 다른 이유로 세포가 죽지 않는 한 영원히 복제할 수 있어. 그래서 미생물학자들은 이런 얘기도 해. 태초에 만들어진 박테리아가 지금도 살아 있을 거라고. 영원불멸. 불사 생물. 이건 박테리아의 트레이드마크인지도 몰라.

과학자들이 다른 생물을 가지고 밝혀낸 사실로 사람들은 수많은 발칙하고도 깜찍한 상상을 하지. 그러니까 수많은 영화와 책에서 그런 사실을 모티브로 삼지 않겠어? 그런데 우리는 정말 죽지 않는 불사의 생명체가 될 수 있을까? 왜 그래야만 하는 걸까? 그 답을 엄마는 발칙하고도 빤한 생명공학적인 상상이 아닌, 진화적 입장에서 찾아보려고 해.

엄마가 중간 중간에 얘기를 꺼내기는 했지만, 특별히 구체적으로 얘기하지 않은 이상한 유전자. 내 유전자를 잘 남기려고 한다는 이기적 유전자. 그래, 그 유전자 입장에서 얘기를 해볼까 해. 리처드 도킨스가 『이기적 유전자』를 펴냈을 때 다윈의 『종의 기원』만큼은 아니지만 이 발칙한 생각에 과학계가 술렁거렸어. 모든 생명체가 존재하는 유일한 이유는 내 자손을 다음 세대에 남기기 위해서라고. 그래서 모든 생존전략이 생식과 연계되어 있다고. 심지어 우리 몸은 유전자가 자손을 남기기 위해 거쳐 가는 기계에 불과하다고. 다윈의 『종의 기원』 이후에 진화론을 지지하는 과학자들 사이에서 가장 논란이 되어온 문제가 바로 자연이 선택하는 '것'이 뭐냐는 거야. 환경이 바뀌어도 살아남는 건 어찌 보면 개체라는 거지. 개체가 죽으면 아무것도 없는 거니까. 하지만 어떤 사람은 이런 얘기를 하기도 해. "개체가 혼자 살아남으면 무슨 의미가 있느냐? 그 개체가 자손을 낳아 집단을 이뤄야 진정 선택된 것이다"라고.

하지만 리처드 도킨스는 "개체도 아니고 집단도 아니다. 결국 변이가 일어나는 건 유전자다. 그리고 결국 자연이 선택하는 것은 변이가 일어난 유전자고 사람들 눈에 선택된 것처럼 보이는 개체

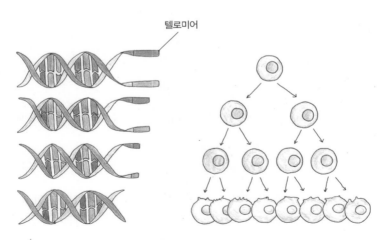

· 세포 복제에 따른 텔로미어 길이 변화 ·

는 선택된 유전자를 다음 세대로 옮기는 기계일 뿐이다"라고. 그게 유전자의 이기성이라는 거지. 그 이기성으로 인해서 개체는 죽어도 유전자는 계속 자손을 통해 남겨지니까 유전자 그 자체가 이미 불멸이라는 거지. 생각해봐. 20만 년 전에 살았던 미토콘드리아 이브의 유전자가 우리 몸에 살고 있는 거잖아.

그런 입장에서 보면 노화는 어쩌면 당연한 결과라는 거야. 실제로 노화가 급속도로 빨라지는 시점을 보면 여성의 경우 폐경기지. 즉, 더 이상 자손을 낳을 수 없게 되는 시점이라는 거야. 노화는 기관의 세포가 고장 나서 기능이 느려지는 건데, 자손을 낳을 수 없는 시점에 애써서 뭔가를 고치는 것은 낭비라는 거야. 우리 몸에는 늘 크고 작은 고장이 일어나기 마련인데, 젊고 어렸을 때는 자손을 남겨야 되니까 뭔가가 고장 나면 엄청난 에너지를 들여 고치지.

그러나 자손을 낳을 수 없는 시점이 되면 이기적 유전자 입장에서는 고칠 이유가 없다는 거지. 그래서 고장 난 걸 그냥 방치한다는 거야. 그 결과 점점 더 심하게 고장이 나겠지? 그게 노화라는 거지. 근데 우리는 생쥐로 하여금, 꼬마선충으로 하여금, 그리고 초파리로 하여금 우리 유전자를 구하게 하고 개체를 영원히 살게할지도 모를 불사 유전자를 찾고 있잖아.

그런데 이기적 유전자 관점에서는 이미 유전자 그 자체가 불멸이니까 생식이 끝난 개체를 엄청난 에너지를 들여 고칠 필요가 없는 거지. 물론 아프지 않게 산다는 건 중요하니까. 하지만 사람 말고 그런 일을 하는 생명체가 없잖아. 그럼 생명체인 우리는 생명의 특징인 '진화'라는 특성을 거스르는 것 아닌가? 그리고 정말 우리가 성공할 수 있을까? 우리는 다른 모든 생물과 똑같은 생명체인데 우리만 그렇게 할 수 있는, 그리고 해야 하는 정말 특별한 생명체일까?

잘난 척하지 마라!
넌 환경의 일부다

"내가 제일 잘났어~, 내가 제일 잘났어~" 딸의 노래 소리가 들린다. 샤워하면서 따라 부르는 네 노래 소리가 얼마나 크면 거실에서도 들린다. 네가 그렇게 잘났냐? 하긴 잘나긴 했지. 그 잘남의 모든 산물이 엄마가 준 것 때문이기는 하지만. 머리에서 물을 뚝뚝 흘리며 나오는 너에게 불량스럽게 말을 건다. "야! 네가 그렇게 제일 잘났냐? 샤워하면서 틀어놓은 음악을 네가 따라 부르는데 네가 제일 잘났다면서?"

멀뚱멀뚱 쳐다보더니 갑자기 미친 듯이 웃어댄다.

"엄마, 내가 제일 잘났어~ 이게 아니라, 내가 제일 잘나가야~"

쳇, 그거나 그거나! 인터넷 뒤져 가사를 찾아보니까 결국 잘났다는 얘기구만. 네가 제일 잘났냐? 아니, 너와 나의 말문 트기가 성공을 했으니 '우리'라고 부르기로 했지? 우리가 제일 잘났냐?

"에잇, 엄마는 그냥 내가 제일 잘나가~ 노래라니까" 하면서 주섬주섬 식탁 위의 약봉지를 집더니 쓰레기통으로 버린다.

"야~ 너 지금 뭘 버리는 거니? 지난번에 먹다 남은 약 버리는 거 아니야?"

부메랑이 되어 돌아온다

그냥 버리면 절대 안 되지. 이건 네가 잇몸 팅팅 부었을 때 먹었던 약이잖아. 항생제가 들어 있을텐데, 그걸 그냥 버려? 엄마가 선물 받은 여성호르몬제도 어느 날 보니 유통기한 지났다고 누군가 쓰레기통에 버렸더구나. 하긴 이제 고작 마흔 넘은 엄마한테 여성호르몬제를 선물한 사람이 이상하지. 벌써 먹을 나이도 아니고. 남들이 먹는 나이가 되면 엄마도 먹어야 하나 하는 생각이 들기도 하겠지만, 지금 생각에는 그냥 생긴 대로 살고 싶어. 왜 버리면 안 되냐고? 수많은 보고들이 있지.

1980년대에 미국 플로리다 아폽카라는 호수의 악어 개체수가 급격하게 줄었다는 보고가 있었어. 그 이유를 조사해보니까 수컷 악어의 남성호르몬인 테스토스테론이 크게 감소한 반면, 암컷의 여성호르몬인 에스트로겐은 정상 수준보다 무려 2배가 높더라는 거지. 그래서 더 조사를 해보니까, 아폽카 호수 근처 타워케

미컬이라는 화학회사에서 일어난 사고로 DDT(dichloro-diphenyl-trichloroethane) 같은 살충제가 강으로 흘러갔는데, 그 살충제가 악어의 성 호르몬에 영향을 줬다는 걸 알았지.

가끔 우리나라 1960~70년대를 배경으로 한 영화를 보면 학교에서 아이들이 옷 벗고 줄 서 있는데 어른이 분무기로 뭔가를 뿌리는 장면이 나와. 그게 뭔지 알아? 이를 죽이려고 살충제를 뿌리는 건데, 그 살충제 성분이 DDT야. 근데 이 DDT는 몸에 한번 흡수되면 잘 분해되지도 않은 채 지속적으로 작용하고, 흙이 DDT로 오염되면 양이 절반으로 줄어드는 데 최소 10년 이상이 걸린다고 해.

실제로 우리나라가 DDT 사용을 금지한 지 거의 40년이 다 되어가는데도 2009년 식품의약품안전청이 보고한 자료에 따르면 우리나라 사람 10명 중 2명한테서 DDT가 검출되었다는 거야. DDT와 같은 물질들을 통틀어서 내분비계장애물질이라고 하는데, 얘들은 생명체의 호르몬과 유사하게 생겼어. 그래서 인체로 들어가면 호르몬처럼 작용하는 거지. 내분비계가 어디겠어? 호르몬을 만드는 기관을 전부 내분비계, 즉 내부에서 분비하는 기관이라고 하는데 그중 하나는 이미 알고 있지, 뇌하수체라고. 그것 말고도 갑상선이나 부갑상선도 내분비계에 속해.

엄마가 그랬잖아. 엄마가 너에게 아무리 훌륭한 유전자와 호르몬을 줬다고 해도, 결국 건강한 난자를 만드는 건 네가 해야 할 일이라고. 엄마가 너에게 준 호르몬을 정상적으로 잘 운영해야 한다고. 여성인 너에게 남성호르몬인 안드로겐이 있기는 하지만 비정상적으로 그 수치가 높아지면 문제가 될 수 있다고. 이런 일이 실제 생태계 내에서 현실로 나타나고 있는 거지. 봄만 되면 수컷 카나리아가 구애하기 위해 노래를 한다고 했지? 그런데 레이첼 카슨(Rachel Louise Carson)이 쓴 『침묵의 봄』에서 말한 것처럼, DDT로 인해 새는 더 이상 노래하지 않고, 강은 죽음의 강이 될 수 있는 거지. 그런 줄도 모르고 과거 우리는 온몸의 이를 박멸하기 위해 DDT를 흠뻑 뿌렸었어.

그런데 에스트로겐이 포함되어 있는 여성호르몬제나 네가 먹던 항생제를 그냥 버려? 그게 얼마나 위험한 일인지 알아? 슈퍼박테리아를 알아? 어떤 항생제에도 죽지 않는 박테리아. 그 놀라운 능력 때문에 매년 병원에서 슈퍼박테리아에 감염되어 죽어가는 사람들이 얼마나 많은지. 항생제가 발견되기 전에 실제로 많은 사람들이 감염되어서 죽었지. 고름이 나고 살이 썩었어. 우리 인체의 방어시스템이 아무리 좋아도 모든 사람들이 다 그럴 수 없고 한꺼번에 엄청난 양의 병원균이 달려들면 방법이 없거든.

특히 면역이 약한 어린아이들의 경우는 그 정도가 더 심하겠지. 플레밍(Alexander Fleming)이 페니실린이라는 항생제를 발견하기 전까지는 10명 중 3명의 아이가 한 살이 되기도 전에 사망했을 정도니까. 실제 질병에 의해 인구가 조절되고 있었지. 플레밍이 페니실린을 발견하고, 이 항생제가 제2차 세계대전 때 널리 사용되면서 사람들은 다시는 감염으로 죽는 일은 없을 거라 생각했어. 근데 그게 아니었던 거야. 시간이 지나면서 점점 페니실린에도 죽지 않는 미생물이 나타나고, 사람들은 또 다른 항생제를 개발하고, 새로운 항생제에 내성을 나타내는 미생물이 또 나타나고. 그게 1943년부터 지금까지 계속 되풀이되고 있지. 하지만 지금 우리가 가진 마지막 항생제는 밴코마이신(vancomycin)과 타이코플라닌(Teicoplanin)밖에 없는데, 여기에 내성을 가진 박테리아가 점점 증가하고 있다는 거지.

왜 이런 일이 생기는 걸까? 자연이 선택한 거지. 박테리아에는 특이한 염색체가 있어. 사실 염색체라고 부르기도 그래. 우리는 46개의 염색체를 가지고 있지만 박테리아는 하나밖에 없거든. 그런데 박테리아는 하나의 염색체 말고 우리가 별도의 유전정보가 있는 미토콘드리아를 가지고 있듯이, 별도의 유전정보를 가진 경우가 있는데 얘를 플라스미드(plasmid)라고 불러. 이 플라스미드는 이 박테리아에서 저 박테리아로 쉽게 왔다 갈 수가 있고, 자기 마음대로 복제가 가능해서 한 박테리아 안에 엄청나게 많이 존재할 수도 있어. 이 플라스미드에 항생제에 내성을 가지게 하는 유전자가 있다면, 이 박테리아에서 저 박테리아로 옮겨가면서 계속 항생제 내성 유전자 정보를 전달하겠지.

그런데 이때 외부 환경에 항생제가 있다고 가정해봐. 이 플라스미드 없는 녀석은 항생제에 의해 다 죽고, 있는 녀석들만 살아남아서 계속 복제를 할 거잖아. 결국 항생제에 내성을 나타내는 박테리아만 남겠지. 결국 우리가 버린 항생제로 오염된 자연이 항생제에 내성을 나타내는 유전자를 선택하게 하는 거지.

"근데 엄마. 왜 나는 지금 계속 야단맞는 기분이 들지? 그걸 그냥 버리려 한 게 내가 야단맞을 일이야? 남들도 다 그렇게 하는데? 그리고 그게 엄마가 말한 유전자의 이기성이 만들어낸 결과 아니야? 엄마가 그랬잖아. 유전자는 이기적이다. 그래서 자기만 살려고 한다. 그게 본능이라며?"

이건 또 뭔 뚱딴지같은 논리냐? 알지? 엄마는 너의 반박에 전혀 굴하지 않는다는걸? 이기적 유전자가 나타내는 특성이 과연 이기성만 있느냐? 절대 아니라는 거지. 엄마와 아빠가 얼굴도 안 보고 이메일로 논쟁을 가장한 쌈질을 한 적이 있어. 그것도 너 때문에. 네가 처음 태어났을 때 엄마도 아빠도 다 공부하는 학생이었는데 엄마 혼자 공부하랴, 살림하랴, 너 키우랴 얼마나 고달팠겠어? 그런데 어느 날 가만히 생각해보니까 억울한 거야. 왜 유전자를 반반씩 가진 둘의 후손인 아이를 나 혼자 키워야 하나. 남편이 도와주면 안 되나? 이런 의문이 들었지. 그래서 아빠에게 말했지. 집에 와서 아이 좀 봐주고 도와달라. 그랬더니 흔쾌히 좋다고 하더라고.

근데 문제는 그 다음부터야. 아빠는 자발적으로는 아무것도 안 하더라는 거야. 엄마가 이거 해라, 저거 해라 해야지만 움직이더라는 거지. 그래서 드디어 엄마가 못 참고 폭발했지. "아니, 당신은 왜 스스로 하는 게 없어? 왜 내가 시키는 것만 하냐? 시키는 게 더 힘들다!"

"원래 진화학적으로 그런 걸 모른단 말이야?"

"진화? 지금 이게 진화랑 무슨 상관이야? 당신이 진화 전공한다고 지금 애 키우는 문제에 적극적이지 않는 걸 진화로 합리화한단 말이야?"

이게 그 싸움의 끝이었고, 결국 이메일을 통한 논쟁이 시작되었지. 네 아빠의 긴 이메일의 요지는 이래. '폭탄이 터졌을 때 엄마와 아빠의 행동 차이가 어떻게 나타나는지 아냐. 아빠는 막 도망가면서 애 보고 빨리 뛰어오라고 하고, 엄마는 애한테 달려가서 애를 보호하려고 감싼다. 진화학적으로 여성이 자손을 남길 확률이 남성에 비해 낮기 때문에, 여성이 훨씬 더 자식에 대한 애착이 강하다. 그러니까 내가 수동적인 건 당연하다.' 뭐 이런 얘기였지.

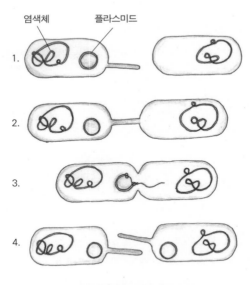

· **박테리아 플리스미드의 이동 기작** ·

2. 잘난 척하지 마라! 넌 환경의 일부다

그에 대한 엄마의 반박 요지는 또 이러했지. '당신은 생물학적인 본능만 가지고 있나? 당신이 존경해마지 않는 리처드 도킨스도 생물학적 진화와 문화적 진화를 동시에 얘기했다. 생물학적 본능 이외에 인간은 사회 속에서 생물학적 본능에 기초한 문화적 진화를 하는데 밈(meme)이 그 문화적 진화를 의미한다. 당신도 사회에서 사는 인간 아니냐. 우리 문화는 지금 남자와 여자가 동등하게 가사 노동을 하는 것으로 바뀌었다. 당신은 지금 생물학적 진화만 내세워 문화적 진화를 무시하고 있다.'

그게 무려 15년이나 지난 일인데, 왜 엄마는 지금도 이렇게 생생한지. 하긴 치열하게 논쟁해댔으니……. 엄마는 지금도 엄마의 논리를 바꿀 생각이 없어. 아빠의 논리대로라면 인간 사회도 일부다처제가 되어야 하니까. 혹시 아빠가 엄마 몰래? 어쨌든 둘이 싸운 얘기를 하려는 건 아니야. 이기적 유전자의 이타성을 얘기하려고 꺼낸 거지. 이타성이 뭐냐? 내가 아닌 다른 사람을 돕는 행동이잖아. 폭탄이 터졌을 때, 엄마가 달려가서 아이를 안는 행위. 이건 이타성이지. 내가 아닌 내 자손을 보호하려고. 그런데 그게 정말 엄마가 이타주의가 뛰어나서 그런 걸까? 아니면 그 또한 이기적 유전자의 산물일까? 엄마는 후자 때문이라고 말하는 거야. 너는 내 유전자를 가지고 있잖아. 그런 유전자를 잘 보존하라고 엄마의 이기적 유전자가 시킨 거지.

"엄마 너무하잖아. 나를 구하는 건데, 이타주의라니……."

"당연한 거 아니야? 도망가는 아빠도 있는데?"

실제로 많은 생명체들에게서 이타주의 행동이 관찰되고 있지. 그중 가장 유명한 사례가 미어캣이라는 동물이지. 미어캣은 무리 지어 사는 동물인데, 먹이를 구할 때 망을 보는 그룹과 먹이를 구하는 그룹으로 나눠서 일해. 그러다가 망을 보던 녀석이 포식자를 발견한 거야. 그럼 망보던 녀석은 잡아 먹힐까봐 숨을까? 아니. 포식자를 향해 "나를 잡아먹어라~" 하면서 펄쩍펄쩍 뛴다는 거지. 이게 어떤 결과를 가져올까? 먹이를 구하던 다른 녀석들한테 빨리 도망가라는 신호를 보내는 거지. 그러면서 자기는 잡아먹히는 거지. 네 말처럼 아니 리처드 도킨스의 말처럼 유전자는 자기만 살아남으려고 이기적인데, 어떻게 사람으로 따지면 '살신성인'의 행동을 한단 말인가? 리처드 도킨스는 이 또한 이기적 유전자의 산물이라고 했어. 무리를 지어 산다는 건 유사한 유전자를 가진 친족이라는 거잖아. 그래서 나는 죽더라도 내 유전자를 가진 다른 녀석을 살려서 유전자를 남기자는 이기적 유전자의 생존 전략이라는 거지.

그게 이기적 유전자의 산물인지 아닌지는 계속 논쟁들을 하겠지만 분명한 건 이타성도 있다는 거잖아. 그 이타성은 '나'가 아닌 '우리'의 개념이고. 또한 내분비계장애물질처럼 우리가 망가뜨린 환경이 우리에게 부메랑이 되어 돌아오고 있잖아. 단지 성이 불분명한 악어나 노래하지 않는 카나리아뿐만 아니라 우리 내분비계에도 영향을 주고 있지.

물론 개체적인 면에서 너는 이 뛰어난 불량엄마의 유전자와 호르몬을 받아 제일 잘난 녀석일지도 모르지만, 혼자 할 수는 없는

2. 잘난 척하지 마래! 넌 환경의 일부다

거잖아. 엄마가 아무리 뛰어난 선물을 줬다고 해도 네가 환경으로 부터 안드로겐을 닮은 호르몬을 섭취하면 정상적으로 자손을 낳기가 힘들어. 너는 아니 너와 나는 '우리'라는 사회의 일부고 우리는 생태계에 일부잖아? 그러니까 이기적 유전자 운운하면서 생태계한테 함부로 하지 말자고.

"아~ 이 훈계조!, 근데 엄마 그거 알아? 엄마가 진짜 환경을 생각하고 우리를 생각하면 엄마도 이모처럼 친환경 세제 써야 되는 거 아냐? 그래야 환경이 깨끗해지지! 그래야 나의 훌륭한 호르몬이 외부에서 침입한 내분비계장애물질의 방해를 받지 않고 제대로 작동할 수 있지!"

아! 드디어 나보다 더 뛰어난 후손의 잔소리 반격이 시작되는 것인가?

기후변화와 우리?

"엄마, '아들 딸 구별 말고 둘만 낳아 잘 키우자' 이런 표어가 있었어? 내가 '아들 딸 구별 말고 둘만이라도 낳아 잘 키우자' 이렇게 바꿔서 학교에 제출했어."

멀뚱멀뚱 쳐다보는 엄마를 향해 네가 한 설명은 이렇다. 요즘 워낙 저출산 시대다 보니 인구를 늘리기 위한 정책들이 쏟아지고 있는데, 학교에서도 출산 장려를 위한 표어 짓기 대회를 한다고. 그래서 너는 최소 둘이라도 낳자고 써서 냈다고. 시대가 바뀌긴 바뀐

모양이다. 늘어나는 인구를 어쩌지 못해 '둘만' 낳자고 나라가 애걸복걸했었는데, 이제는 더 낳으라고 성화니. 우리나라도 한국전쟁 후 경제가 성장하고 의학이 발달하면서 인구가 폭발적으로 늘었지.

그런데 요즘은 아이 키우는 게 너무 힘들다고 낳지를 않아 인구가 점점 줄어드니 문제긴 하지. 인구가 급격하게 증가했던 가장 큰 이유 중 하나는 항생제를 포함한 의학의 발달이야. 더 과거로 돌아가 보면 신석기 시대 농경이 시작되어 식량이 넉넉해지면서지. 실제로 불과 1만 년 전인 신석기 시대 전 세계 인구가 500만 명 정도였으나 지금은 70억에 달하니 그 증가는 엄청난 것이지.

그런데 우리나라는 식량도 충분하고 의학기술도 발달했으니 무한정 인구가 늘 수도 있는 상황인데 다른 원인 때문에 오히려 인구가 감소하고 있잖아. 그러니까 과거에 환경의 영향을 받던 인구를 국가가 조절하겠다고 나서는 거 아니겠어? 하지만 사람이 만든 정책에 의한 조절은 오래가지 않아. 지금 우리가 아무리 애 낳으면 돈을 얼마 주겠다고 해도 실질적으로 출산율이 높아지는 건 아니잖아.

우리는 지금 다른 사회적 이유 때문에 인구가 줄고 있는데, 다른 생물체들은 어떨까? 바이러스를 볼까? 감기 바이러스는 잠잠하다가 환절기에 우리의 몸의 면역력이 일시적으로 떨어졌을 때 번창하잖아. 그러다가 일정한 수준에 이르면 그 수준을 유지하다가 우리 인체의 방어체계에 의해서 그 수가 급속도로 줄어들지. 바이러스만 그런가? 그렇지 않아. 생물 종의 집단 크기 증가는 늘 일정한 패턴을 보이지. 처음에 점차 증가하다가 어느 일정한 한계에 이르면 외부 환경의 영향을 받아 그 수준을 유지하는 거지. 그러다가 어떤 외부적 변화에 의해서 어느 한순간 급격히 줄거나 멸종하고.

네가 어렸을 때 죽고 못 살던 공룡. 그 공룡은 어땠을까? 공룡은 중생대 트라이아스기에 출현해서 백악기 말에 멸종했지. 전 지구 나이 46억 년 중에 중생대 기간은 1억 8000만 년 정도니까 그렇게 긴 건 아니지. 하지만 1억 8000만 년 동안 그렇게 번성했던 그들이 멸종한 이유도 외부 환경의 변화야. 공룡 멸종의 직접적인 영향을 줬을 것이라는 몇 가지 가설이 있잖아? 그 가설 중 그냥 추워서 얼어 죽었다, 소행성이 충돌해서 수십억 톤의 먼지가 방출되어 빛이 차단되어 추워 얼어 죽었다, 몸집이 엄청 커서 무지하게 먹어야 되는데 백악기 말은 지구 온도가 내려가 초식 공룡들이 먹고 살 식물이 부족했다. 아니면 이 모든 것이 동시에 영향을 줬다. 뭐 이런 가설들. 그런데 이런 내용들의 공통적 사실은 '기후'잖아. 기온이 내려갔다는 거지.

실제로 백악기 말은 지구 전체의 온도가 내려가고 있었다는 수많은 증거들이 있어. 한랭했던 고생대 지구의 온도가 중생대를 거쳐 올라갔다가 중생대 말인 백악기부터 내려갔다는 거지. 현재 우리는 남극과 북극이라는 양 극지방이 얼음으로 뒤덮인 지구에 살고 있는데, 이런 모양은 지구 46억 년 역사상 유일한 시기라는 것

제5장 우리는 도대체 뭘까?

이 과학자들의 일반적인 의견이지.

"근데 우리가 지구온난화를 유발해서 지구의 기온을 높이고 있는 거구나? 학교에서 배웠는데, 지구온난화로 엘니뇨도 생기고, 우리나라 기온도 점점 올라가서 따뜻한 지방에서 잘 자라는 대나무 성장한계선이 점차 북상하고 있대."

맞을 수도 있지. 그런데 어느 순간 언론에 보도되는 내용을 가만히 보면 용어가 바뀌어 있어. 예전에는 네가 한 말처럼 모두 지구온난화라는 용어를 썼는데, 지금은 대부분 기후변화라는 용어와 섞어서 쓰고 있지. 지구온난화나 기후변화나 그게 그거 아니냐고? 그렇지가 않지. 기후변화는 온난화와 한랭화 둘 다를 의미하는 말이지만, 온난화는 온도의 증가만을 얘기하는 거지. 그럼 지금 지구에 나타나는 이 수많은 현상들이 지구온난화에 의한 것이 아니란 말이냐고?

지금의 기후변화가 지구온난화일 수도 있다고 생각하지만, 그게 인간 활동에 의한 것인지는 정말 모르겠어. 하지만, 중요한 건 사람들이 그걸 인간 활동에 의한 지구온난화라고 정의했다는 거지. 그런 걸 정의할 수 있는 권위를 가진 곳이 어딜까? IPCC(Intergovernmental Panel on Climate Change)가 했지. IPCC는 전 지구적 기후문제를 모든 나라가 공동으로 해결하기 위해 만들어진 UN 산하 국제기구야. 우리말로는 '기후변화에 관한 정부 간 패널' 정도로 해석될 수 있지.

그 IPCC에서 전 세계 과학자들이 모여 2006년 지구 기후변화

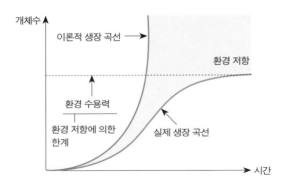

개체수

이론적 생장 곡선

환경 저항

환경 수용력

환경 저항에 의한
한계

실제 생장 곡선

시간

· **개체군의 생장 곡선** ·

에 대한 종합보고서를 발행했는데, 이 보고서에서 "지금의 지구온
난화는 인간 활동에 의해 만들어진 이산화탄소에 의해서다"라고
정의했지. 중요한 건 '지구온난화'라고 정의한 거고, 두 번째는 '인
간 활동에 의해 만들어진 이산화탄소'라는 거야. IPCC는 이 보고
서 덕분에 2007년 노벨평화상까지 받아. 안 그래도 다른 나라가
무시할 수 없는 IPCC의 보고서를 노벨 평화상이 더 강력하게 만
들어준 거지. 그런데 그 이후에 지구온난화라는 말 대신 기후변화
라는 말을 더 많이 쓰고 있는 거지. 왜 그럴까? 그건 지구온난화와
인간 활동에 의한 이산화탄소 증가라는 용어에 대해 반론이 많다
는 얘기지.

인간 활동에 의해 생산되는 대기 중의 이산화탄소 농도가 문
제가 되기 시작한 건 1958년으로 거슬러 올라가. 킬링(Charles
Keeling)과 연구원들이 하와이에 있는 마우나 로아에서 2004년까

지 매년 대기 중 이산화탄소 농도 변화를 조사하여 발표했는데, 그 결과가 충격적이었지. 그때부터 2004년까지 대기 중 이산화탄소 농도가 계속 증가한다는 거야. 물론 지금도 미국의 스크립스(SCRIPPS)라는 연구기관에서 킬링의 아들이 그 작업을 계속하고 있지. 왜 계속 증가할까?

사람들은 그 원인을 산업혁명에서 찾았어. 산업혁명이 일어나기 전인 1750년을 기점으로 산업혁명 이전의 이산화탄소 농도와 그 이후의 농도 증가율이 엄청나게 차이가 나더라는 거야. 그런데 1750년대의 대기 중에 있던 이산화탄소 농도는 어떻게 측정했을까? 남극이나 북극에는 매년 계속해서 얼음이 쌓이는데, 쌓일 때 대기 중의 이산화탄소, 산소 등의 물질들이 얼음에 갇혀 같이 쌓이는 거지. 과학자들은 그 얼음을 꺼내서 그 시대의 대기 중 이산화탄소 농도를 측정한 거고.

과학자들은 이런 결론을 내렸지. 산업혁명에 의해서 공장이나 자동차에서 이산화탄소가 엄청나게 발생했고, 그 결과 지속적으로 대기 중에 이산화탄소 농도가 높아진다고. 이산화탄소는 태양에서 오는 빛 에너지가 지표면을 달구고 다시 대기 밖으로 나가려고 할 때 밖으로 못 나가게 하는 효과를 유발하지. 그래서 대기 중 이산화탄소 농도가 높아지면 복사열이 대기 밖으로 빠져나가지 못해서 지구 내부의 온도가 계속 증가한다고.

그럼 얼마나 증가했느냐? 산업혁명 이전에 대기 중에 280ppm이던 이산화탄소가 지금은 380ppm까지 올라갔다는 거야. ppm이

2. 잘난 척하지 마래! 넌 환경의 일부다

란 단위는 용매 1백만g에 들어 있는 용질의 g수를 말하는데, 현재는 공기 1톤 중에 이산화탄소가 380g 있다는 거지. 그리고 더 중요한 것은 대기 중 이산화탄소 농도의 증가 속도가 엄청나게 가파르다는 거야.

그 말은 대기 중의 이산화탄소 농도 증가에 의해 지구 온도가 상승한다는 것을 의미한다는 거지. 그런데 지구 온도가 올라가면 더 심각한 문제가 발생할 수 있어. 그건 바로 바다 속에 저장되어 있던 이산화탄소가 녹아나와 대기 중 이산화탄소 농도는 더 높아진다는 거지.

왜 온도가 올라가면 대기 중 이산화탄소의 농도가 높아질까? 대기 중 이산화탄소는 기체잖아. 기체를 많이 녹이려면 압력을 높이거나 온도를 낮춰야 잘 녹지. 온도가 높으면 기체운동이 활발해져서 자기 멋대로 돌아다니까 물에 잘 안 녹아. 그런데 지구의 온도가 낮아지면 대기 중의 이산화탄소가 바다에 녹아들어가 대기 중 이산화탄소 농도가 낮아지고, 온도가 올라가면 바다 속 이산화탄소가 대기 중으로 나와서 온도가 올라가는 거야. 물론 어느 한계점을 넘어가면 대기중 이산화탄소 농도와 바닷속 이산화탄소 농도가 다 올라가.

그런데 지구 온도가 올라간 게 어제 오늘의 일일까? 과거에는 올라간 적이 없나? 있으니까 지구온난화라는 용어에 반대하는 사람들이 많고, 기후변화라는 용어를 더 많이 사용하는 거지. 밀란코비치(Milutin Milankovitch)라는 사람은 지구상에는 빙하기와 간빙

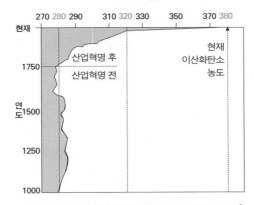

이산화탄소 농도(ppm)

산업혁명 전후의 대기 중 이산화탄소 농도 변화 그래프[*]

기가 반복적으로 나타났는데, 그건 지구 내부 문제가 아니라 외적
인 문제라고 하면서 밀란코비치 사이클이라는 것을 발표해. 이는
지구의 공전궤도, 자전축의 변화 등이 태양에서 지구가 얼마나 멀
어지느냐를 결정한다는 거지. 즉 공전주기와 자전축의 변화로 태
양에서 멀어지면 빙하기가 오고 가까워지면 얼음이 녹는 간빙기
가 온다는 거야.

밀란코비치가 자신의 이름이 붙은 주기를 발표하는 건 1920년
대의 일이야. 현재의 과학자들이 밀란코비치 주기를 모르고 있었

* Etheridge et al., Natural Anthropogenic changes in atmospheric CO_2 over the last
1000 years from air in Antarctic ice and firn. J. of Geophysical Research, 1996. Vol.
101(D2), p4115-4128

던 것은 아니지만, 그의 이론이 증명된 건 최근의 일이지. 실제 그 주기에 따라 지구에 빙하기와 간빙기가 반복되어 이어진다는 증거가 없었으니까. 그래서 연구자들이 남극이나 북극의 얼음을 통해 조사를 해보니, 신생대 플라이스토세와 현재인 홀로세 그 사이에서 여러 번의 빙하기와 간빙기가 반복되어 나타나면서 대기 중의 이산화탄소 농도가 계속 올라갔다 내려갔다 하더라는 거야. 이 얘기는 지구 온도는 지구의 공전궤도 등의 외부적인 요인에 의해서 계속 변해왔고 계속 일어나는 일이라는 거지.

네가 좋아했던 만화영화 〈아이스에이지〉. 우리말로 바꾸면 '빙하기'쯤 되겠지. 아마도 배경이 플라이스토세일 거야. 현생 인류의 조상인 미토콘드리아 이브가 출현했던 시기보다 훨씬 현재와 가까운 시기지. 미토콘드리아 이브가 20만 년 전에 출현했는데, 〈아이스 에이지〉에 매머드가 나오고 다른 여러 가지 배경을 고려했을 때 아마도 약 3만~5만 년 전쯤 되었을 거라고 생각해. 그 영화가 빙하기를 배경으로 하고 있잖아. 물론 주인공은 나무늘보지만, 거기에 사람이 나오지. 이들은 미토콘드리아 이브의 후손이 대륙에 퍼져 살다가 빙하기가 오니까 새로운 땅을 찾아 떠나는 사람들일 테고. 아마도 추위를 피해 베링해협을 건너 아메리카 대륙으로 넘어간 사람들이 아닐까 싶어. 북극의 베링해협은 간빙기에는 얼지 않는 바다지만 빙하기에는 어는 바다야. 그래서 이들이 얼어 있는 바다를 건너 다른 대륙으로 이동할 수 있는 거지.

다음 그림에서 보면 40만 년 전부터 빙하기와 간빙기가 반복되

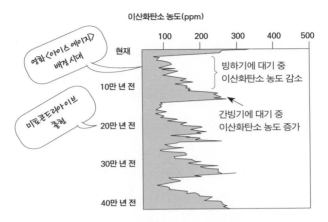

이산화탄소 농도(ppm)

영화 〈아이스 에이지〉 배경 시대

미토콘드리아 이브 출현

빙하기에 대기 중 이산화탄소 농도 감소

간빙기에 대기 중 이산화탄소 농도 증가

현재

10만 년 전

20만 년 전

30만 년 전

40만 년 전

· 최근 40만 년 전부터 현재까지 대기 중 이산화탄소 농도 변화 ·

고 있는데, 현재가 간빙기를 향해가는 시기라는 거지. 대기 중 이산화탄소 농도 변화를 보여주면서 온도를 얘기하고 있다고 투덜대지 말거라. 엄마가 얘기했잖아. 온도가 내려가면 대기 중 이산화탄소 농도가 줄고, 온도가 올라가면 이산화탄소 농도가 증가한다고. 그러니까 대기 중의 이산화탄소 농도가 높으면 온도가 높은 간빙기고, 농도가 낮으면 온도가 낮은 빙하기지.

물론 어느 것이 먼저냐가 현재의 논란이기는 해. 온도가 높아져서 대기 중 이산화탄소 농도가 높아지는 건지, 아니면 이산화탄소

*   Petit et al., Climate and atmospheric history of the past 420,000 years from the Vostok ice core, Antarctica. Nature, 1999, Vol.399(6735), p429-436

농도가 높아져서 온도가 높아지는 건지. 물론 지금의 기후변화는 인간 활동에 의한 것이니까 대기 중 이산화탄소 농도가 높아져서 기온이 올라가고 있다는 거지. 그런데 지금 지구 기온이 올라가는 건 반복되어온 빙하기와 간빙기 사이클에 의해 간빙기로 가는 시기일 수도 있다는 거잖아. 그런데 IPCC는 지금의 대기 중 이산화탄소 증가로 인해 지구온난화가 일어나고, 그게 인간 활동에 의한 것이라고 하니까 많은 과학자들이 아닐 수도 있다고 반박한 거지. 하지만 분명한 건 '기후변화'라는 것은 누구도 이견을 달 수 없는 사실인 거지.

그런데 생각해봐. 앞의 그래프에서 보는 것처럼 늘 지구상에 기후변화가 있어왔어. 그때마다 생물은 사멸하기도 했지만 살아남기도 했잖아. 결국 살아남는다는 것은 무얼 의미하겠어? 그게 지금 우리가 얘기하는 인간 활동에 의한 지구 내부적 문제든 아니면, 밀란코비치가 말하는 지구 외적인 문제든 거기에 적응했다는 거잖아. 진화학적인 측면에서 보면 자연이 선택한 '것'이 있었다는 거지. 그게 논란이 많은 개체든, 유전자든, 집단이든. 하지만 가장 기본적으로는 변화한 환경이 선택한 유전자가 있었다는 얘기야. 그런 유전자가 있으려면 한 종의 집단에 특정 형질을 결정하는 유전자가 하나가 아니라 다양해야만 그 확률이 높아지지 않겠어? 그래야 그 어떤 환경이 된다고 해도 선택될 유전자가 있을 가능성이 있는 거잖아.

그런 유전자가 종의 집단 내에 하나도 없다면? 그 종은 사멸하겠지. 그걸 유전적 다양성이라 한다고 했어. 집단의 유전적 다양성이 커야만 환경이 변해도 자연에 의해 선택될 확률이 높다는 거지. 유전적 다양성은 어떤 과정에 의해서 생기지? 자손을 남기기 위한 생식세포 복제 시 일어나는 돌연변이, 교차 등의 변이에 의해 일어나겠지. 그건 네 몸에서 일어나는 유전적 다양성이고, 그 다양성은 네가 어떤 배우자를 선택하느냐에 따라 네 후손의 다양성이 더 커질 수 있는 거지.

그 다양성이 커지려면? 방법은 딱 하나야. 자손을 많이 낳아야지. 그래야 그 과정에서 다양한 유전자를 가진 개체가 많이 태어나겠지. 우리가 지금 기후변화라는 문제에 직면해 있다고 할 수도 있고 아닐 수도 있겠지만, 분명한 건 환경은 계속 바뀐다는 거지. 물론 사람이 환경에 적응하는 방법이 자손을 많이 나아 유전적 다양성을 높이는 방법만 있는 것은 아니야. 과학적으로 해결할 수도 있지.

예를 들어 정말 지금이 지구온난화라서 우리나라 강수량이 줄어들어 식수가 부족하다면 과학적인 방법으로 식수 문제를 해결할 수도 있잖아? 바닷물을 싼값에 우리가 먹을 수 있는 물로 만들 수도 있고. 투발루처럼 해수면이 높아져 나라가 가라앉는다면 둥둥 뜨는 인공섬을 만들어 사람들이 살게 할 수도 있겠지. 하지만 길게 본다면, 그 '길게'가 지금의 우리를 위해서가 아니라 30만 년 뒤 우리 후손을 생각한다면, 과학적으로 문제를 해결해서 적응해가는 방법과 생물학적으로 유전적 다양성을 높여가는 방법을 같이 쓸 수도 있는 거잖아. 하지만 과학적인 방법은 조심해야 돼. 우리가 전혀 예상하지 못했던 환경적 문제가 생길 가능성이 높거든. 그러니까 확실한 방법으로 많이 많이 자손을 낳아야지 네 유전자가 다음 세대에 남을 수 있잖아. 그래서 변화하는 환경에 적응할 수 있다면 지구상에 어떤 변화가 생겨도 우리는 또 새로운 역사를 쓰지 않을까?

"엄마는 고작 둘만 낳아놓고는……." 또 나의 후손의 반격인가? 너도 표어로 '둘만이라도'라고 했다면서? 엄마는 적어도 둘만이라도 낳았으니 최소한의 역할은 다 한 거잖아! 그래도 지금이라도 더 낳아야 되나? 아니! 널 잘 키워서 많이 낳게 해야지. 그게 더 생물학적인 측면에서 훌륭한 자손을 남길 확률이 높아!

엄마가 그랬잖아.

엄마가 너에게 아무리 훌륭한 유전자와
호르몬을 줬다고 해도,
결국 건강한 난자를 만드는 건 네가 해야 할 일이라고.
엄마가 네게 준 호르몬을 정상적으로 잘 운영해야 한다고.
여성인 너에게 남성호르몬인 안드로겐이 있기는 하지만
비정상적으로 그 수치가 높아지면 문제가 될 수 있다고.
이런 일이 실제 생태계 내에서
현실로 나타나고 있는 거지. 봄만 되면
수컷 카나리아가 구애하기 위해 노래를 한다고 했지?
그런데 레이첼 카슨이 쓴 『침묵의 봄』에서
말한 것처럼, DDT로 인해 새는 더 이상 노래하지 않고,
강은 죽음의 강이 될 수 있는 거지.
그런 줄도 모르고 과거 우리는
온몸의 이를 박멸하기 위해 DDT를 흠뻑 뿌려댔지.

작년 초가을쯤 미루고 미루다 결국 다중초점 렌즈로 안경을 바꿨다. 더불어 근거리용 안경도 맞췄다. 그 가을 그렇게 동거를 시작한 가벼운 우울은 겨울이 올 때까지도 떠날 줄을 몰랐다. 단순히 노안만의 문제는 아니었다. 책을 쓰는 내내, 튀어나오지 않는 저당 잡힌 단어들과 당초 알고 있던 사실과 다른 기억의 오류는 수도 없이 자리를 박차고 일어나게 만들었다. 아니 종종 무기력감으로 다가오기도 했다.

그렇게 초고작업이라는 것이 끝난 후 딸아이가 그림을 그리기 시작했다. 이는 우울과 무기력감에 대한 기대하지 않았던 반격이었다. 밤마다 딸아이가 그린 그림을 보며 함께 웃고 떠들고, 그 애가 조잘조잘 내 옆에서 기억의 오류를 바로잡아주는 일은 상상할 수 없는 즐거움이었다. 그렇게 몇 주 동안 지난 4년 내내 했던 것보다 훨씬 더 많이 깔깔대고, 낄낄대고, 키득대면서 친구처럼 수다를 떨었다. 4년이란 시간 동안 내가 생물학적으로 무뎌지고 나약해지는 사이에 그 녀석은 더 깊은 사고로 단단해져 있었다. 나의 생물학적 노화, 그리고 머리와 엉덩이가 함께하는 이 작업을 시작하지 않았으면 일어나지 않았을 일인지도 모른다. 난 정말 운이 좋은 엄마다. 엄마와 딸 사이에 비록 아픈 흔적이 남았을지 모르나 지난 시간들을 키득거림의 대상으로 삼을 수 있어서…….

본문에 들어가는 그림 그리기가 다 끝나갈 무렵에 있었던 일이다. 나는 함께 공부한 시간이라고 말하지만 딸아이가 '잔소리'라고 정의하니 나 또한 '잔소리'라는 용어를 쓰기로 했다.

"엄마가 그렇게 잔소리를 심하게 했니?"

"엄마는 그걸 말이라고 해? 생물만 가지고 한 게 아니었잖아. 화학도 그랬고, 지구과학도 그랬고. 엄마가 가르친 모든 과목을 가지고 잔소리 했다니까."

숨도 쉬지 않고 튀어나오는 딸아이의 답이다. 설마 내가 그런 일을? 이 또한 내 기억의 오류인가? 유구무언이다.

"네가 하자고 해서 한 거 아니었냐?"라고 불량한 엄마니까 한 번의 반격은 해본다.

"그거야 재밌었으니까 그랬지." 적어도 그 잔소리가 나쁘지는 않았다니 다행한 일이다.

그럼 이참에 다른 과목 가지고도 머리와 엉덩이가 함께하는 괴로운 작업을 해볼까? 행여나 또 한다고 했을 때 저 녀석이 동의해줄 것인가? 어쩌면 딸아이의 동의보다도 이번처럼 키득거릴 수 있을 거란 확신이 없다. 이게 나의 고민이다.

찾아보기

굵게 표시한 숫자는 각 용어가 본문 그림자료에 있는 경우를 가리킵니다.

불량엄마의 생물학적 잔소리

불량엄마의 생물학적 잔소리

**불량엄마의
생물학적 잔소리**

1판 1쇄 펴냄 2016년 5월 4일
1판 6쇄 펴냄 2020년 12월 15일

지은이 송경화
그림 홍영진

주간 김현숙 | **편집** 변효현, 김주희
디자인 이현정, 전미혜
영업 백국현, 정강석 | **관리** 오유나

펴낸곳 궁리출판 | **펴낸이** 이갑수

등록 1999년 3월 29일 제300-2004-162호
주소 10881 경기도 파주시 회동길 325-12
전화 031-955-9818 | **팩스** 031-955-9848
홈페이지 www.kungree.com
전자우편 kungree@kungree.com
페이스북 /kungreepress | **트위터** @kungreepress
인스타그램 /kungree_press

ⓒ 송경화, 2016.

ISBN 978-89-5820-375-9 03470